Anatomía y Fisiología

La supervivencia de los estudiantes universitarios Guía de Anatomía y Fisiología de Ace

Brian Donelly

Tabla de Contendo

Introducción

Bienvenido a *Anatomía y Fisiología: The Universal Survival Guide to Ace Anatomy and Physiology*. Como uno de los cursos que tendrás que tomar para obtener una licenciatura en Ciencias para convertirte en médico, biólogo, químico u otro tipo de científico, necesitas un recurso al que puedas referirte y aprobar con éxito tu clase.

Este libro está diseñado para ofrecerte todo lo que necesitas como ayuda de estudio junto con tu libro de texto y los folletos de la clase. No se debe usar como la única referencia de contenidos para tu clase. Está pensado para ser un texto "para tontos", donde se explican términos complicados de una variedad de temas diferentes y relevantes.

Cada capítulo repasará los términos que necesitarás saber, los detalles sobre el tema y las preguntas, con una sección con las respuestas al final del libro. Empezarás examinando algunas de las bases de la anatomía y la fisiología; de esta manera, ya habrás aprendido antes de que nos basemos en nuevos conceptos.

Hay muchos libros sobre este tema. Gracias por recoger esta como tu guía de estudio extra. Buena suerte.

Capítulo 1: Revisión de los fundamentos de la biología y la química.

La educación se basa continuamente en las lecciones anteriores, como la biología básica, que se profundiza con cursos como anatomía y fisiología. La estructura del libro cubrirá lo básico, y se moverá a través de diferentes conceptos que se basan en lo que has aprendido en el capítulo anterior. Esta revisión está diseñada para resaltar conceptos de otros cursos de ciencias que ya haya tomado, y de cualquier clase de anatomía y fisiología de la escuela secundaria. Debes de reconocer la información en las siguientes páginas y encontrarla útil.

Por lo general, tu licenciatura en Ciencias comienza con un curso anual de biología y química que resalta los elementos esenciales para la construcción de cosas como la química orgánica, la bioquímica, la anatomía y la fisiología.

Terminología

<u>Anatomía:</u> estructura o partes del cuerpo humano u organismos.

<u>Trifosfato de adenosina:</u> el ATP es un tipo de molécula que almacena energía dentro de una célula. La energía permanece en la célula hasta que se necesita.

<u>Difosfato de Adenosina:</u> el ADP se crea cuando una célula necesita energía, y el ATP se somete a un proceso para liberar uno o dos grupos de fosfatos. ADP es un grupo de dos fosfatos.

<u>Monofosfato de adenosina:</u> AMP es un grupo de un solo fosfato, que puede ser liberado cuando las células necesitan energía.

<u>Átomo:</u> es la unidad cuantitativa más pequeña de materia.

<u>Hidratos de carbono:</u> los carbohidratos son moléculas con carbono, oxígeno e hidrógeno, donde hay una proporción de 1:1:2 respectivamente. Los carbohidratos se forman a través de una reacción química y existen en mono, di o polisacáridos.

<u>Enlace covalente:</u> es un enlace común en los procesos orgánicos; el enlace covalente se forma al compartir electrones entre dos átomos. Un par de electrones crea una nueva órbita alrededor del núcleo de los átomos para crear un compuesto o molécula.

<u>Elementos:</u> son los productos naturales existentes, con 17 átomos artificiales, como el hierro, calcio o hidrógeno.

<u>Homeóstasis:</u> tendencia de un organismo a permanecer en un estado de equilibrio o equilibrio.

<u>Enlace de hidrógeno:</u> es un enlace polarizado, al igual que el H_2O, donde las moléculas se unen a través del átomo de hidrógeno. Los enlaces de hidrógeno son parte de varios

procesos vitales, como la replicación de moléculas de ADN.

<u>Enlace iónico:</u> es una transferencia de electrones, donde un átomo pierde un electrón, y el otro átomo gana el electrón. Crea iones que están cargados negativamente e iones que están cargados positivamente. Piensa en un magnético donde los opuestos se atraen, y entenderás el vínculo que se forma entre los átomos.

<u>Lípidos:</u> son grasas que también contienen carbono, oxígeno e hidrógeno. A veces, las grasas pueden contener nitrógeno y fósforo también. Las grasas son insolubles en agua debido a los enlaces no polares que forman la cadena molecular. Las grasas pueden ser saturadas o insaturadas.

<u>Materia:</u> ya sea los gases, los líquidos o sólidos, todo está construido de átomos.

<u>Ácidos nucleicos:</u> estas moléculas son la base genética que diseña el cuerpo. Los ácidos nucleicos contienen nucleótidos, que componen la cadena de azúcar de cinco carbones o el grupo de la desoxirribosa o la ribosa. También existen grupos nitrogenados y fosfatados. El ADN se construye con adenina, citosina, timina y guanina. El ARN o el ácido ribonucleico se encuentra en una sola hebra, a diferencia del ADN, que utiliza uracilo frente a timina.

<u>Fisiología:</u> es la función del cuerpo, es decir, cómo funciona.

<u>Lazos polares:</u> dos átomos forman un lazo a través de un lazo covalente para producir una carga desigual. El H_2O es una molécula polar porque los extremos del hidrógeno son ligeramente negativos, y el oxígeno es ligeramente positivo, aunque el enlace en sí mismo crea una carga neutra.

<u>Proteínas:</u> son las moléculas más grandes, que pueden tener pesos de moléculas que superan los 40 millones de unidades atómicas. Las proteínas contienen oxígeno, nitrógeno, carbono e hidrógeno. Las proteínas son construidas por el cuerpo usando aminoácidos.

Los bloques de construcción del cuerpo humano

Para entender cómo funciona el cuerpo humano, es necesario recordar en qué consiste el cuerpo. La anatomía es las partes del cuerpo o la estructura de un cuerpo, mientras que la fisiología significa cómo funciona o funcionan estas partes. Como muchos organismos en el mundo, tu cuerpo busca estar en homeóstasis, un estado en el cual cuerpo mantiene la estabilidad o equilibrio. Para que se produzca el equilibrio, se necesitan mecanismos de retroalimentación que ayuden a regular los niveles hormonales, el azúcar en la sangre y la frecuencia cardíaca. La pregunta en anatomía y fisiología es ¿cómo funcionan juntos los mecanismos homeostáticos para ayudar a mantener la homeóstasis? La respuesta es lo que descubrirás a medida que aprendas más sobre el tema y sobre lo que forma al cuerpo humano. Antes de entrar en los fundamentos del cuerpo y en los diferentes sistemas, es necesario volver a los bloques de construcción del cuerpo humano hasta la "cosa" más pequeña: el átomo.

Para descomponer aún más este concepto, el cuerpo humano, como gran parte del universo, tiene dos componentes fundamentales: la energía y la materia. La energía es la capacidad de crear cambio o trabajo. La materia es lo que ocupa el espacio y se mide en masa.

Toda la materia, ya sea que su estado sea gaseoso, sólido o

líquido, está hecha de átomos. De sus lecciones de química, ya sabes que un "átomo es la unidad más pequeña de materia" que puede ser identificada en una reacción química. Ciertas partículas existen en estado natural y se conocen como elementos.

Hay 92 elementos naturalmente abundantes y 17 átomos artificiales que han sido creados. Esto significa que hay 109 átomos conocidos en el mundo. Los elementos pueden formar enlaces debido a la estructura atómica que tienen, por lo que ¿cómo es esto relevante para la anatomía y la fisiología?

En anatomía y fisiología, necesitarás familiarizarte con el hidrógeno, el nitrógeno, el oxígeno y el carbono, porque cada uno de estos elementos se encuentra en el cuerpo humano. Estos cuatro elementos también representan el 96% de toda la materia viva. Otro punto: estos elementos están presentes de forma natural.

Tu cuerpo está compuesto de 65% de oxígeno, 18.5% de carbono, 9.5% de hidrógeno y 3.2% de nitrógeno. Otros elementos que también están en tu cuerpo son el calcio, el fósforo, el potasio, el azufre, el sodio, el cloro y el magnesio. El porcentaje de estos elementos adicionales es de 1,5, 1, 0,4, 0,3, 0,2, 0,2 y 0,1% respectivamente.

Volviendo a los átomos: su estructura incluye protones y neutrones, que se encuentran en el núcleo que tiene electrones orbitando a su alrededor. La masa atómica y el peso de un átomo le dicen el número total de neutrones y protones en el núcleo. El número atómico es el número de electrones o protones en el átomo. Los átomos tendrán el mismo número de protones y electrones haciendo que el átomo sea eléctricamente neutro, lo que no significa que sea completamente estable, porque cuando se forma un compuesto, un átomo puede querer unirse con otra molécula para volverse más estable.

¿Recuerda sus primeros días de escuela, cuando su maestro le dijo que el cuerpo humano es 65% de agua? Ya para el primer año de vida, su cuerpo tiene un 65% de agua. Si eres un hombre adulto, el 60% de agua compone tu cuerpo, y 55% en el caso de las mujeres adultas . El porcentaje de agua no es relevante para la química, sino el hecho de que los átomos de nuestro cuerpo se combinan para producirla, porque a los átomos les gusta estar en los patrones más estables posibles.

Los átomos forman moléculas como el H2O utilizando enlaces químicos. Existen cuatro tipos de enlaces químicos, aunque los iónicos y covalentes son los más relevantes para nuestra discusión. Los otros dos enlaces son los polares y el hidrógeno. Cuando un compuesto se forma a través de una reacción química utilizando carbono, se conoce como un compuesto orgánico.

En biología, existen cuatro "familias" de compuestos orgánicos que ayudan al funcionamiento de un organismo:

1. Carbohidratos.

2. Lípidos.

3. Proteínas.

4. Ácidos nucleicos.

necesitarás estar familiarizado con estos compuestos orgánicos y los elementos que los forman para entender varios de los procesos fisiológicos que el cuerpo experimenta. La combinación de reacciones químicas orgánicas y funciones biológicas ayuda a darse cuenta de la necesidad de conocer los fundamentos de la química para entender cómo funciona el cuerpo en un estado de equilibrio o desequilibrio.

Por ejemplo: La diabetes tipo II está en aumento y es muy relevante para nuestra discusión. La diabetes es una enfermedad en la que el cuerpo no absorbe la glucosa adecuadamente. Cuando se entiende la función del cuerpo y sus diferentes sistemas a nivel fisiológico, así como las reacciones químicas que se producen, se puede entender la diabetes como una enfermedad.

Una parte de la respuesta vuelve a la homeóstasis, donde la cantidad correcta de glucosa absorbida asegura el equilibrio del cuerpo. Nuestros cuerpos necesitan que nuestro corazón lata lo suficientemente rápido para que la sangre llena de oxígeno se mueva a través de nuestro torrente sanguíneo liberando a nuestros órganos minerales, nutrientes y compuestos orgánicos así como oxígeno. Nuestros pulmones requieren una cantidad adecuada de oxígeno para mantener nuestras vidas. Mientras los mecanismos de retroalimentación estén funcionando para regular el azúcar en la sangre, la frecuencia cardíaca y los niveles hormonales, nuestro cuerpo se mantendrá vivo. Sin embargo, si los sensores internos no reportan un estado de cambio o algo en el cuerpo no está funcionando correctamente, la enfermedad aparece.

El sistema de retroalimentación

La retroalimentación puede ser positiva o negativa. La retroalimentación positiva para nuestro cuerpo mantiene igual el estímulo y la respuesta. Cuando hay retroalimentación negativa, el estímulo y la respuesta son opuestos. Piensa en un termostato en una habitación: si ajustas la temperatura en el termostato a

70, pero la temperatura en la cámara es de 65, el termostato encenderá el calor para aumentar la temperatura a 70. Si la temperatura es de 75, el termostato encenderá el aire para disminuir la temperatura a 70. Tu cuerpo puede hacer lo mismo para asegurar que se mantenga el equilibrio.

Metabolismo para el equilibrio de la vida

La fisiología nos dice que necesitamos mecanismos para mantener la vida sin enfermedades. Metabolismo es la palabra que hemos elegido para referirnos a las reacciones químicas que ocurren en el cuerpo para ayudar a mantener la energía. Existen diferentes ciclos, estructuras y sistemas en el cuerpo que trabajan juntos para ayudar a mantener el equilibrio. El metabolismo puede ser la reacción química, pero usted también tiene otros procesos de reacción como el sistema de retroalimentación para decidir si es necesario agregar hormonas para mantener el equilibrio.

Las reacciones metabólicas se clasifican en dos: catabólicas y anabólicas. Catabólica es la reacción de descomposición, como la digestión de los alimentos. Anabólica es la energía necesaria para construir los compuestos que el cuerpo necesita para mantener la vida. En ciertos tipos de metabolismo, como el metabolismo celular, las enzimas son catalizadores para asegurar que el proceso ocurra. Las enzimas tendrán que interactuar con las moléculas, que se conocen como sustratos.

Por ejemplo, la cafeína es lo que se podría llamar un sustrato cuando entra en el cuerpo. La cafeína toma la forma de una enzima, pero funciona como un inhibidor de oxígeno, lo que significa que cabe en la misma ranura que el oxígeno en una célula; pero como impide que el oxígeno ligue la cafeína, puede causar calambres en los músculos como resultado directo de la falta de O2.

El trifosfato de adenosina es parte del proceso metabólico donde la energía se almacena en una célula hasta que se necesita. El nombre "tri" nos dice que la sola molécula tiene tres fosfatos y está unida a la adenina (una base nitrogenada). Cuando se requiere energía, se eliminan uno o dos fosfatos de la cadena química, eliminando así la energía de la célula y convirtiendo el ATP en una de dos moléculas: puede convertirse en difosfato de adenosina que significa dos fosfatos o monofosfato de adenosina que es un grupo de fosfato. A través del proceso, el fosfato se unirá eventualmente con ADP o AMP para reformar el ATP hasta que una molécula vuelva a necesitar energía.

La oxidación-reducción es otra parte del metabolismo en la que se oxida una sustancia. Cuando esto suceda, el material perderá electrones e iones de hidrógeno. Cuando la reducción ocurre, gana electrones e iones de hidrógeno. La oxidación-reducción ocurre a la par, lo que significa que una molécula se oxida y la otra se reduce. El proceso es otro método de transporte de energía, como la cadena respiratoria o la cadena de transporte de electrones.

Todos los conceptos anteriores se aplican al metabolismo de los carbohidratos, también conocido como metabolismo de la glucosa, que es el proceso de producción de energía para el cuerpo. Los carbohidratos se descomponen en glucosa, que puede utilizarse o almacenarse hasta que se necesite energía. Cuando la oxidación ocurre proporcionando energía, se llama respiración celular. Todas las células se someterán a respiración celular en algún momento para ayudar a producir energía. Cuando una molécula de glucosa se oxida completamente, crea 38 moléculas de ATP.

Hay tres etapas en el metabolismo de los carbohidratos:

1. Glucólisis.

2. Ciclo de Krebs.

3. Cadena de transporte de electrones.

Glucólisis

La palabra significa desglose de azúcar. Tiene dos etapas, siendo la primera un proceso aeróbico u oxigenado; también hay una etapa de respiración anaeróbica. Utilizando la energía creada a partir de dos moléculas de ATP y dos moléculas de nicotinamida adenina di nucleótido, la glucólisis utiliza la fosforilación para cambiar una cadena de glucosa de seis carbonos en la molécula más pequeña que su sistema digestivo puede crear. El resultado son dos moléculas de piruvato de tres carbonos o ácido pirúvico y cuatro moléculas de ATP. También tienes dos citoplasmas. El piruvato y la nicotinamida adenina dinucleótido van a la parte mitocondrial de la célula, que es donde el proceso aeróbico los descompone en más ATP.

Ciclo de Krebs

De otras clases de biología, puedes ya conocer el ciclo de Krebs por el ciclo del ácido cítrico o el ciclo del ácido tricarboxílico. El ciclo de Krebs ocurre en las mitocondrias de una célula; una vez que el piruvato llega, pierde un grupo de dióxido de carbono que forma la coenzima acetilo A o CoA acetilo. Esta se combinará con una molécula de cuatro carbonos conocida como ácido oxaloacético (OAA), lo que produce ácido cítrico de seis carbonos. El CoA se libera para conectarse con un grupo acetilo adicional. Dos átomos de carbono se convierten en dióxido de carbono que se libera de la célula y se libera energía. Cada vez que esto sucede se crea 1 ATP, y el acetilo CoA se divide. Hay ocho pasos para el ciclo de Krebs que reordena los átomos de ácido cítrico para crear moléculas intermedias conocidas como ácidos de ceto. El ácido acético también se descompone en descarboxilato, o a veces sólo carbono. Pasa por un proceso de oxidación para formar el dinucleótido de nicotinamida adenina y el dinucleótido de flavina adenina, y por lo tanto deja 1 ATP. La energía se transporta con la cadena de transporte de electrones para producir más ATP. El ácido oxaloacético se regenera para que el siguiente ciclo continúe y el cuerpo expulse el dióxido de carbono a través de los pulmones.

Cadena de transporte de electrones

La cadena de transporte de electrones está dentro de las mitocondrias y se adhiere a la membrana mitocondrial. Las cadenas se conocen como citocromos, y dichas cadenas son también proteínas que contienen un grupo de hierro (heme). Cuando los alimentos se oxidan, el hidrógeno se adhiere a las coenzimas que se unen con el oxígeno para liberar energía utilizando grupos de fosfato inorgánico del ADP para crear ATP. NAD, que es el nicotinamida adenina dinucleótido que pierde hidrógeno, proveerá tres ATP usando fosforilación oxidativa. El flavín adenina dinucleótido se convierte en plantado después del ciclo de Krebs, y conducirá a dos moléculas más de ATP. Al final de esta etapa, dos moléculas de hidrógeno con carga positiva se combinan utilizando dos electrones que se unen al oxígeno, y se forma el agua. Cuando esto ocurre, resultan moléculas de ATP.

Otros procesos del metabolismo

El metabolismo de los lípidos ayuda a liberar energía de los lípidos, que representan el 99% del almacenamiento de energía del cuerpo. Los lípidos se digieren y descomponen a la hora de comer, y a menudo las grasas terminan en el tejido adiposo. El metabolismo de los lípidos utiliza reacciones catabólicas que eliminan dos átomos de carbono de la cadena de ácidos grasos para producir acetilo CoA, que pasa por el ciclo de Krebs para producir ATP.

Otro proceso metabólico es el metabolismo de las proteínas, que crea aminoácidos que el cuerpo utiliza para sintetizar proteínas en el cuerpo. Durante la fase final del metabolismo de las proteínas en la cadena de transporte de electrones se producen proteínas, pero también amoníaco y cetoácido, que el hígado tiene que eliminar. El hígado convierte el amoníaco en orina, que luego se lleva a los riñones para su eliminación. El cetoácido entra en el ciclo de Krebs para ser convertido en ATP a partir del ácido pirúvico.

Revisión

El cuerpo humano es un organismo complicado, con varios órganos, músculos y huesos que lo ayudan a funcionar adecuadamente. El objetivo del cuerpo es permanecer en un estado de equilibrio. Para entender la relación entre las partes del cuerpo y su función, necesitamos entender los procesos químicos y asociarlos a conceptos como el metabolismo y la retroalimentación. En el futuro, examinarás diferentes sistemas como la biología celular, para asegurarte de que tienes a mano las complicadas respuestas de anatomía y fisiología que verás en las pruebas.

Explorar la química desde el átomo y a través de reacciones individuales como el metabolismo de los carbohidratos en tres etapas te recuerda que aprendiste mucho de esto en los cursos de biología, química y posiblemente de biología y química de segundo nivel. Todo depende de cuándo comienzas a estudiar anatomía y fisiología.

Para la revisión recuerda qué son ATP, AMP, ADP y las reacciones de oxidación-reducción. Están todos definidos en la terminología, y son parte de los procesos metabólicos del cuerpo.

Revisa la glucólisis, el ciclo de Krebs y la cadena de transporte de electrones como parte del metabolismo de los carbohidratos. Cada uno requiere un proceso de oxidación para ayudar a descomponer las moléculas. Las tres etapas del metabolismo de los carbohidratos serán sustanciales para comprender la absorción de diferentes nutrientes, minerales y vitaminas, así como para producir glucosa.

A medida que trabajemos sobre cómo está organizado el cuerpo y cómo funciona, aprenderás sobre los diferentes sistemas y elementos del cuerpo, como la biología celular, los huesos, el tejido esquelético y el sistema digestivo.

Para aquellos que pueden estar en química orgánica o en una clase de biología general de nivel superior, aprenderán parte de la información anterior en conjunto con su clase de A&P.

Preguntas

1. ¿Cuáles son los cuatro elementos que componen la materia viva?

2. En un átomo, dos partículas subatómicas tienen el mismo peso, ¿cuáles son?

3. ¿Qué tipo de enlace se forma cuando uno o más electrones se comparten entre los átomos?

4. ¿Qué son los polisacáridos?

5. ¿Para construir qué elemento se usan os aminoácidos?

6. ¿En qué etapa del metabolismo de los carbohidratos se descompone la glucosa?

7. ¿En cuántas moléculas de ATP se convertirá la glucosa?

8. ¿Qué son los procesos metabólicos que no involucran oxígeno?

9. ¿Durante qué proceso se metabolizan las grasas principalmente?

10. ¿De qué almacenamiento el metabolismo de los lípidos crea el 99%?

Capítulo 2: Revisión de los fundamentos de la anatomía y fisiología.

La anatomía y la fisiología tienen subconjuntos que puedes desear estudiar. En este capítulo, vas a repasar varias de las terminologías que ya deberías conocer, o sobre las que va a aprender en la primera semana de clase. Es imperativo conseguir estos términos para que puedas construir sobre tu conocimiento cuando llegues a las diferentes funciones corporales, tales como el sistema integumentario. Encontrarás algunos de los términos repetidos en otros capítulos que tratan detalles específicos de la anatomía, como huesos y tejido esquelético.

Revisión de la terminología

El capítulo entero tiene palabras que necesitas aprender; por lo tanto, crea tarjetas para todas las explicaciones a lo largo del capítulo.

Subconjuntos de anatomía y fisiología

1. Anatomía gruesa: estudio de las partes más grandes del cuerpo de un animal que se pueden ver sin ayuda de equipos.

2. Anatomía histológica: estudia los tipos de tejidos y las células que componen los tejidos, donde se necesita un microscopio para examinar los tejidos y las células.

3. Anatomía del desarrollo: estudio del ciclo de vida de los organismos desde la fertilización hasta la edad adulta, el envejecimiento y la muerte.

4. Anatomía comparativa: estudia las similitudes y diferencias entre especies, en particular la estructura anatómica. Las especies extinguidas pueden ser parte del estudio. La idea es ayudar a los científicos y estudiantes de medicina a entender la estructura y los procesos al ver las diferencias entre los simios y los humanos, como por ejemplo, cómo caminan estos seres vivos diferentes. Ten en cuenta estos subconjuntos al repasar los diversos temas de los capítulos siguientes.

Un poco sobre las palabras

El inglés nos enseña que algunas palabras tienen raíces en latín y griego. Probablemente reconozcas algunos nombres científicos debido a los cursos de inglés de la escuela. Si puedes, toma un curso de latín, porque te ayudará en tus esfuerzos científicos. Para aquellos que no tienen acceso a un idioma que se considera "muerto", querrán estudiar la siguiente parte y aprender la raíz o fragmentos de palabras. Si puedes entender parte de un término anatómico, por lo general puedes obtener más comprensión una vez que sepas dónde está ubicado en el cuerpo.

El sistema esquelético tendrá palabras que contienen os, oste y art para las raíces o fragmentos de palabras. El os y la oste se refieren al hueso, y la artrosis se refiere a la articulación.

El sistema muscular tendrá myo o arco, que significa músculo o músculo estriado.

El sistema nervioso comienza con neuronas, que significan nervio.

El tegumento es el sistema del cuerpo que generalmente tiene como raíz la dermis, y significa piel. La dermatología, por ejemplo, es el estudio de la piel y sus enfermedades.

El sistema endocrino tiene dos raíces: aden y estr, que significa glándula y esteroide.

El sistema respiratorio es referido con las raíces pulmonares o bronquiales, como pulmón o tráquea.

Para las referencias del sistema cardiovascular, recuerda la tarjeta, el angi, el hemo y el vaso, que se refieren al músculo cardíaco, los vasos y los vasos sanguíneos.

Las palabras raíz del sistema digestivo son gastritis, entrada, abolladura y hepat para estómago, intestinos, dientes e hígado.

Los fragmentos de palabras del sistema reproductivo son andr y uterino para el hombre y útero para las mujeres.

El sistema linfático tiene de palabras raíz: linfa y leucemia, y son para linfa, blanco e inflamación.

El último sistema corporal es el urinario, que utiliza ren, neph y ur. Los dos primeros se refieren a los riñones y la -ur es para la orina.

Cómo orientarse en el cuerpo con palabras

Algunas de las palabras que has escuchado te servirán ahora. Así que repasemos derecha/izquierda, anterior/ventral, posterior/dorsal, medial, lateral y proximal.

Obviamente, la derecha y la izquierda son fáciles. Tienes una mano derecha e izquierda, orienta a tu paciente basándose en la mano izquierda y derecha. Anterior o ventral se utilizará para discutir el frente del cuerpo, mientras que posterior y dorsal son las palabras para referirse a la parte posterior del cuerpo. Medial significa hacia el centro, mientras que lateral está al lado. Proximal es un poco extraño porque se relaciona con el "tronco" del cuerpo, pero también se puede pensar que está más cerca del punto de unión, como donde se unen las piernas y los brazos.

También necesitas aprender o revisar distal, superficial, profundo, superior e inferior. Distal se refiere a la parte más alejada del "tronco" del cuerpo, como las manos y los pies. Superficial es en la superficie del cuerpo y es lo opuesto a profundo, qué se refiere a las cosas que están más lejos de la superficie. Superior se refiere a las partes que son más altas que otra parte del cuerpo, por lo que la cabeza es superior al cuerpo en general, mientras que inferior se refiere a las partes más bajas que otras regiones. Los pies son inferiores.

 Es mejor aprender las palabras anatómicas con las que no estés familiarizado en parejas. Para aquellos que están revisando esta información, pueden encontrar que la memorización en pares ayuda a recordarla más rápido que antes.

El cuerpo puede ser dividido en planos; para aquellos con conocimiento de geometría, se sabe que una superficie plana es considerada un plano, donde se puede dibujar una línea recta entre dos puntos plana para ayudarte a ver visualmente los diferentes planos. El cuerpo tiene tres planos: frontal, sagital y transversal.

El plano frontal es donde se divide el cuerpo o el órgano en las secciones anterior y posterior. El plano sagital divide el cuerpo o el órgano longitudinalmente, o de izquierda a derecha. Si se coloca una línea vertical justo en la mitad del cuerpo, se conoce como el plano medio sagital.

El plano transversal dividirá el cuerpo horizontalmente. Usted tendrá un lado superior e inferior desde el punto medio del cuerpo u órgano. En la anatomía y la fisiología no siempre se ve la igualdad, como en los planos anatómicos, donde puede que no haya dos porciones iguales desde donde corren los tres planos.

El cuerpo también está dividido en regiones para ayudarte a mapear la anatomía. Hay dos palabras para recordar cuando se habla de áreas: apendicular y axial. El cuerpo axial es el centro o "eje" que abarca todo excepto la cabeza, el cuello, el tórax, la pelvis, el abdomen y las extremidades. El tórax es la región del pecho y la espalda. La sección apendicular del cuerpo incluye los apéndices. También puede referirse a ella como las extremidades superiores e inferiores, es decir, los brazos y las piernas.

Familiarízate con la figura 1. Seguro también tienes una imagen similar en tu libro de texto de anatomía, el cual usa más terminología que el siguiente diagrama. Necesitarás referirte a imágenes similares para entender palabras como ótico o acromial (oído y hombro).

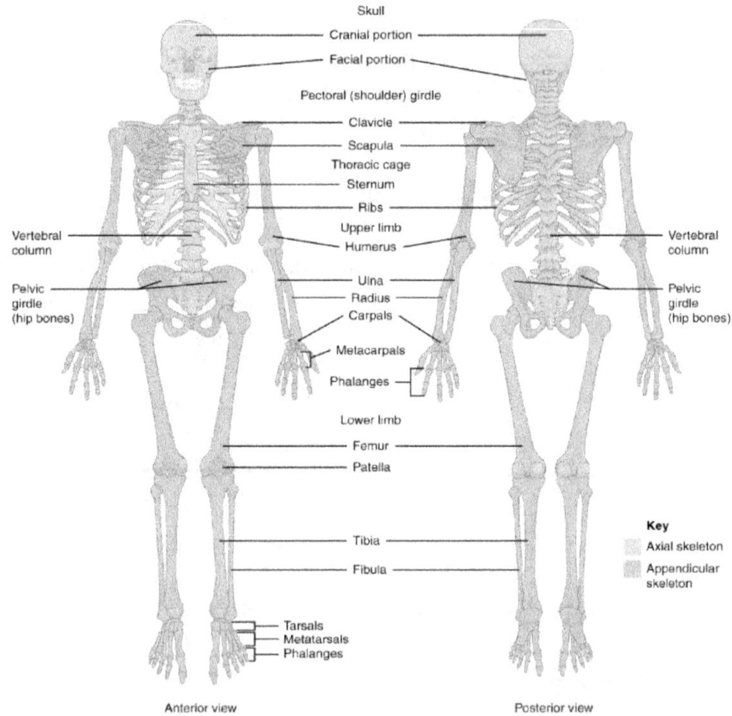

Figura 1: Regiones del cuerpo con terminología anterior y posterior.

Para ayudarte, aquí hay un desglose de las regiones axiales del cuerpo:

Tórax:

- Axila=axilar.

- Costillas=costal.

- Hombro= deltoides.

- Mama=mamaria.

- Pecho=pectoral.

- Omóplato=escapular.

- Espina dorsal = esternón.

- Espina dorsal= vertebral.

Cabeza y cuello:

- Cabeza=cefálica.

- Cuello=cervical.

- Cráneo=craneal.

- Frente=frontal.

- Nariz=nasal.

- Base del cráneo=occipital.

- Boca=oral.

- Ojos=ocular/orbital.

Abdomen:

- Abdomen=abdominal.

- Glúteos=glúteos.

- Parte baja de la espalda=lumbar.

- Curvatura de la cadera=inguinal.

- El área entre los huesos de la cadera = pélvico.

- Genitales=púbicos.

- Entre el ano y los genitales=perineal.

- El final de la espina dorsal o columna vertebral=sacral.

También están las regiones apendiculares.

Extremidad inferior:

- Parte frontal, inferior y espinilla de la pierna=crural.

- Muslo=femoral.

- La parte delantera de la rodilla=patelar.

- Arco del pie=plantar.

- Pie=pedal.

- Espalda inferior y pantorrilla de pierna=sural.

- Parte posterior de la rodilla=poplíteo.

- Tobillo=tarsiano.

Extremidad superior:

- Palma=palmar.

- Mano=manual.

- Dedos de las manos o de los pies=digital.

- Muñeca=carpo.

- Codo=cubital.

- Brazo=brazo braquial,

- Antebrazo=antebrazo.

- Codo interno=antecubital.

Muchas de estas palabras pueden haber sido dadas antes de tus clases de anatomía y fisiología. Si no, reconocerás algunas, como pedal para el pie y plantar para el arco, particularmente si alguna vez escuchaste las palabras "fascitis plantar". Si es necesario, crea tarjetas para ayudarte a recordar los diferentes términos regionales.

Cavidades

Las caries son más de lo que ocurre en los dientes cuando no se cepillan los dientes. Las caries pueden referirse al cuerpo y sus agujeros. El cuerpo tiene dos cavidades: dorsal y ventral. La cavidad dorsal también tiene dos cavidades que albergan el sistema nervioso central. Tú tienes la cavidad craneal, que es el espacio dentro del cráneo, donde reside el cerebro. También tienes la cavidad espinal o vertebral, que contiene la médula espinal.

La cavidad ventral es la más grande de las dos. Se descompone en cavidades torácicas, abdominopélvicas, pleurales y pericárdicas. Torácica es la del corazón y los pulmones. Abdominopélvico contiene todos los órganos de la pelvis y de la región abdominal. La cavidad pleural es la cavidad pulmonar y pericárdica significa la cavidad del corazón.

La cavidad abdominal está dividida por el hígado, el estómago, el bazo y la mayoría de los intestinos, mientras que la cavidad pélvica alberga la vejiga, los intestinos inferiores, el recto y los órganos reproductores. Además, el abdomen tiene regiones y cuadrantes que le ayudan a determinar en qué órganos planos se encuentran. El plano sagital medio y el plano transversal se cruzan a través del ombligo, creando cuatro secciones que son superior izquierda, superior derecha, inferior izquierda e inferior derecha. Conocer estas regiones y secciones ayuda a determinar el dolor abdominal de un paciente.

Las regiones de la cavidad abdominopélvica son las siguientes:

Hipocondríaco: esta región está por debajo de la caja torácica y se encuentra a derecha e izquierda de la región epigástrica.

Epigástrico: zona central del abdomen por encima del ombligo.

Umbilical: área alrededor del ombligo.

Hipogástrico: debajo del estómago en el área central del abdomen, justo debajo del ombligo.

Lumbar: constituye la parte baja de la espalda, a la derecha e izquierda de la sección del ombligo.

Ilíaca: cerca de los huesos de la cadera, a la izquierda y derecha de la región hipogástrica.

Los niveles de organización

Los científicos crearon hace mucho tiempo el concepto de organizar el cuerpo en diferentes niveles para ayudar a discutir la fisiología de sus sistemas. Los niveles son: celulares, de órganos, de tejidos y del sistema de órganos. También existe un nivel de organismo. Puedes pensar en los niveles de organización como los cinco niveles del cuerpo que comienzan con el nivel 1, el nivel celular. Recuerda su química, que trata acerca de los átomos del cuerpo contenidos en las células. El nivel II es el nivel del tejido formado por diferentes células que se dividen en cuatro categorías: tejido conectivo, muscular, epitelial o epitelio y nervioso. El nivel III es el nivel de los órganos, que define los tipos de órganos que necesita el cuerpo para funcionar correctamente. El Nivel IV discute el nivel del sistema de órganos, donde el cuerpo se divide en grupos de órganos que trabajan en conjunto para desempeñarse a un nivel fisiológico mayor.

El nivel del sistema de órganos es explicado con más facilidad a partir del páncreas, porque es parte de la digestión pero también produce hormonas para mantener el equilibrio en el cuerpo. Algunos órganos tendrán más de una función a nivel de sistemas.

El nivel V o el nivel del organismo eres "tú". Mirando los otros cuatro niveles, puedes entender como tu cuerpo funciona como un todo.

Revisión

Muchos de los términos de este capítulo son cosas que ya te has encontrado antes. Es obligatorio que diseñes una manera de estudiar estas palabras y mantenerlas frescas en tu mente a medida que avances a través de este libro y del curso. Verás muchos de los términos de nuevo, tal como viste algunos términos básicos en biología, química y otros cursos de ciencias.

Preguntas

1. Definir la anatomía histológica.

2. ¿Cuál es la definición de proximal?

3. ¿Qué significa el sarco de raíz?

4. ¿Cuáles son los tres planos de tu cuerpo?

5. Nombra la región en la que aparecen los ojos y la(s) palabra(s) científica(s) para los ojos.

6. ¿En qué región se encuentra el pie y cuál es la distinción científica para el pie?

7. ¿Cuántas cavidades componen la cavidad dorsal?

8. Nombra las seis cavidades abdominopélvicas.

9. ¿Qué es el nivel uno?

10. ¿Cuál es el nivel para todo el organismo?

Capítulo 3: Biología celular

La biología celular estudia la función y la estructura de una célula. Centrarse en la célula ayuda a los biólogos a comprender los tejidos y organismos que componen las células y, por lo tanto, cómo funcionan. El organismo más simple tiene una célula, pero como humanos, tenemos numerosas células que funcionan a diferentes niveles para mantener nuestro cuerpo en homeóstasis. El primer nivel del cuerpo es el celular, por lo que tiene sentido que empecemos a hablar de la biología celular para ayudarte a entender la complejidad del cuerpo.

Terminología

La membrana celular ayuda a las moléculas a pasar a través de una célula como la glucosa. Ayuda a las moléculas a moverse a través de las células, el tejido y la sangre.

<u>Células eucariotas:</u> células humanas, vegetales y de moho, que tienen membranas, núcleos, orgánulos y se reproducen.

<u>Meiosis:</u> división celular para la reproducción sexual.

<u>Mitosis:</u> división celular para el crecimiento y la reparación.

<u>Cigoto:</u> célula vinculada a las células sexuales y a la reproducción.

De dónde vienen las células

Las células se forman a partir de otras células. Una célula no puede aparecer de repente. Para que un organismo se convierta en dos células, es necesario combinarlas, lo que crea una nueva célula. Después de que se crea un cuerpo a partir de dos células, se produce la división de la nueva célula, que se divide en dos células. Todas las células a partir de entonces son una derivación de la primera célula, permitiendo que el organismo se construya a partir de una sola célula genérica. Esta célula se llama cigoto.

La primera célula de la que se deriva un organismo, o el cigoto, se somete a la fusión de las células sexuales proporcionadas por el progenitor. En los humanos, tenemos padres y madres, donde la mujer proporciona un óvulo y el hombre un espermatozoide. No todos los organismos se replican de las células sexuales. Algunos organismos son copias exactas del original, como un organismo unicelular que sufre una división de su célula para producir una copia exacta.

El óvulo y el espermatozoide se combinarán para obtener dos copias completas del ADN. Dentro de la célula de cigoto se considera diploide, porque tiene un doble juego de ADN. La división o mitosis es el proceso de división celular en el que una célula se divide en dos "células hijas". Las células hijas están completas, pero son más pequeñas que la célula original. Durante la mitosis, las células tienen dos copias de ADN. Solo cuando se crean células sexuales maduras el haploide, o una copia de ADN, está dentro de la célula. Las células hijas son diploides y se replicarán. La mitosis sólo puede ocurrir cuando hay células diploides.

El siguiente paso se denomina diferenciación, porque las células hijas continuarán replicándose, pero pueden seguir un camino diferente en cuanto a estructura y función. Una célula nerviosa es distinta de una célula muscular.

Usted probablemente está familiarizado con el término "célula madre". Las células madre han sido recolectadas de los cordones umbilicales para ayudar a resolver ciertas enfermedades, como tipos específicos de cáncer. Las células madre son células hijas que se reproducen una y otra vez en el mismo proceso al que se sometieron inicialmente en la mitosis. La otra célula hija producida a partir de la mitosis pasará a formar tejido, ya sea piel, músculo u otro tipo de tejido. Sin embargo, algunos tejidos como la piel y la sangre son células madre especializadas.

Cuando se trata de biología celular, debes recordar la mitosis y la meiosis. También deberás entender que la diferenciación celular está bajo control genético.

Todos los tejidos de tu cuerpo están hechos de células especializadas o diferenciadas en su función anatómica o fisiológica. Los tejidos no sólo se construyen sobre las células, sino también sobre las proteínas, que son producidas por células diferenciadas. El resultado de las diferentes proteínas se basa en el tipo de célula y en el tejido que estas células producen.

Recuerda que las células tienen características específicas en común en todos los ámbitos, pero la diferenciación surge a partir de los tamaños, formas, estructuras, funciones y ciclos de vida.

Piensa en la descripción de la producción de ATP de la revisión. Recuerda que las células necesitan energía, es decir, ATP. Se requiere energía para la absorción de la glucosa, que absorbe el intestino delgado y envía a otras células. La glucosa también puede ser un producto de la digestión, donde las células como el hígado la toman y almacenan hasta que el cuerpo necesite descomponerla para obtener energía.

Las células también pueden producir otros productos o sustancias químicas que ayudan con las reacciones metabólicas, como ya se discutió en la revisión. Los productos celulares pueden incluir proteínas, químicos de señalización (neurotransmisores), hormonas, iones, polipéptidos, moléculas pequeñas, lípidos y moléculas estructurales. Ciertas células del cuerpo no hacen otra cosa que crear y exportar un producto para ser utilizado por otra célula, que luego fabrica diferentes productos, o simplemente tiene una función diferente.

Las células individuales transportan productos fabricados en las células a otras áreas del cuerpo, o para ayudar al cuerpo a deshacerse de los desechos. Los glóbulos rojos, por ejemplo, transportan moléculas de gas de un área a otra. Los glóbulos rojos no tienen núcleos y no se dividen ni crean ATP. Eventualmente, los glóbulos rojos se desgastan, se envían al hígado, se descomponen y se eliminan del cuerpo.

Otras células no transportan productos, sino que envían señales de comunicación. Las células nerviosas crean señales eléctricas y viven en el cuerpo durante años, normalmente muriendo cuando lo hace el organismo. Algunas células producen hormonas de señalización o neurotransmisores. Estas enviarán, recibirán y reaccionarán a las moléculas de señalización.

Célula eucariotas

Una célula eucariótica forma eucariontes como animales, plantas y hongos. Sus células óseas y renales son muy parecidas a las células de las plantas y las raíces. También son similares, en estructura, a los protistas, como los hongos y el moho.

Las células eucariotas tienen un saco de membrana que contiene orgánulos u órganos pequeños que están suspendidos en el citoplasma. Los orgánulos son subunidades, así como un órgano es una subunidad para el cuerpo. El núcleo es un organillo. Revisa la imagen de una célula eucariota. Seguramente habrás visto esta imagen en tu clase de biología básica.

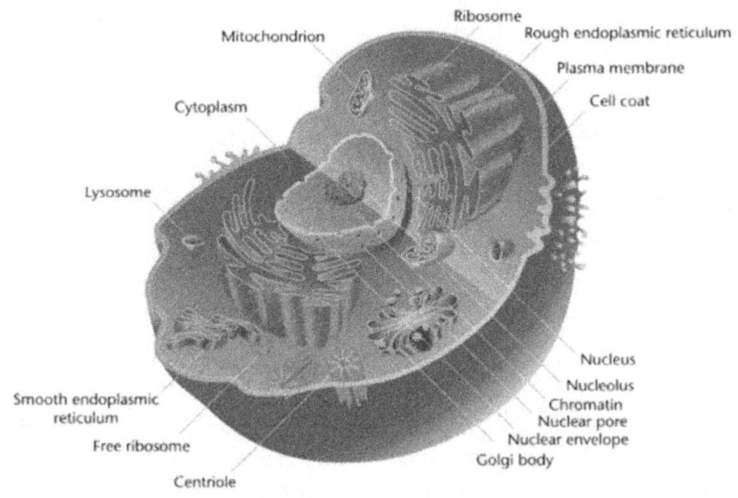

Figura 2: Célula eucariota.

Para anatomía y fisiología, le conviene estar familiarizado con los conceptos de núcleo, mitocondria, retículo endoplásmico, ribosoma, aparato de Golgi, vacuolas, y lisosomas, dado que son orgánulos de células animales.

Las bacterias no entran en la misma categoría porque son células procarióticas u organismos unicelulares. Una célula procariótica es más simple en estructura y organización.

Membrana celular

La membrana celular es como un guardián: las células pueden

moverse entre ella. La pared celular es algo completamente diferente, y no existe en los humanos. Las plantas y los hongos tienen paredes celulares, pero su función y estructura son distintas de las de la membrana. La membrana celular ayuda a transportar las moléculas, actúa como una barrera para proteger la célula y mantiene el citoplasma contenido. No es parte de la producción de energía a la que se someten las células.

Modelo del mosaico fluido

El modelo del mosaico fluido discute la permeabilidad de la membrana celular, en la cual algunas sustancias pueden moverse a través de la membrana y otras no. "Fluido" es el término que se aplica a la capacidad de las células para moverse a través de la membrana, mientras que "mosaico" se refiere a las estructuras incrustadas que no pueden moverse a través de la membrana. Una parte de este modelo es la bicapa fosfolípida, que es relevante para la permeabilidad de la membrana. La capa en sí misma está incrustada en varias estructuras, pero es similar en todas las células en cuanto a su formación.

La estructura de una bicapa fosfolípida consiste en una cabeza con dos colas. Las colas odian el agua, mientras que a la cabeza le encanta. Las moléculas hidrófobas podrán atravesar la membrana; sin embargo, las moléculas hidrofílicas (amantes del agua) no pueden hacerlo sin ayuda, porque se encuentran con otras células hidrofílicas. Los opuestos se atraen; piensa en ello de esta manera. Cualquier elemento que odia el agua puede pasar a través de la cabeza del amante del agua hasta la membrana, mientras que cualquier elemento amante del agua es demasiado similar, y debe tener ayuda.

Esto nos lleva al concepto de cruzar la membrana activa o pasivamente. El transporte pasivo es un tipo de transporte sin trabas para las moléculas. Esto puede ocurrir de tres maneras: por difusión, por ósmosis y por filtración.

La difusión es donde las sustancias pueden moverse a través de un gradiente de concentración, donde la molécula se mueve de un área altamente concentrada a una de concentración más baja. Piensa en agua y sal. Con el tiempo, el sodio se disuelve y los iones de cloruro se difunden o se extienden a través del agua. Las moléculas de una célula entran y salen para mantener el equilibrio.

La ósmosis es una difusión de moléculas de agua a través de ciertas membranas permeables. Los principios del gradiente de concentración de igual manera impulsan la ósmosis, pero también requiere presión. Cuando la presión es correcta, el agua atraviesa la membrana.

La filtración es un intercambio capilar. Por la biología, ya sabes que los capilares son pequeños vasos sanguíneos. Los capilares tienen una capa celular de espesor. La pared de la membrana es como un filtro que solo permite la entrada y salida de las partículas más pequeñas de la membrana. A veces, las moléculas necesitan disolverse o descomponerse antes de que puedan penetrar a través de la membrana de los capilares. La presión arterial será más alta en el extremo arterial, y más baja en el extremo venoso, lo que también ayudará a empujar las sustancias a través de la pared capilar y dentro de los tejidos. Esto significa que las moléculas, a menudo, pueden moverse en una dirección a través del capilar y hacia el tejido, pero no de regreso al capilar.

También hay un transporte activo. El transporte activo es cuando la célula puede controlar las moléculas que entran y salen del citoplasma. Generalmente, se producen dos procesos con la proteína. Las partículas grandes necesitan ayuda para atravesar las capas, por lo que los lípidos pueden alinearse con las proteínas durante la exocitosis, sin dañar el sellado de la membrana. El proceso inverso de esto es la endocitosis, que atrae a las moléculas más grandes.

Ciclo celular

Mucho pasa en las células; algunos procesos son fáciles de explicar, y otros serán menos relevantes para las discusiones anatómicas gruesas. Vuelve a la revisión del capítulo 1 para ayudarte a entender algunas de las funciones celulares, como la conversión de moléculas. La química de esto sucede todos los días y es lo que ayuda a construir tu cuerpo mientras estás en el útero. Para esta sección, intente recordar el ciclo celular y el comportamiento de división de los diferentes tipos de células.

El cigoto, la célula inicial, es una fusión de dos células sexuales, que se divide para producir dos células somáticas.

Las células somáticas pueden dividirse o no. Por lo general, las células somáticas tienen una diferenciación terminal, pero si las células madre ocurren a partir de las células somáticas, se dividirán durante la meiosis convirtiéndose en haploides, y luego dejarán de dividirse. Las células madre son únicas porque se dividen en una célula somática y una célula madre. Las células madre también surgen de otras células madre. Las células sexuales provienen de células somáticas, que no se dividen y no dan lugar a otro tipo de célula.

Meiosis y mitosis

Para muchos, esto debería ser una revisión; sin embargo, es algo muy relevante para la biología celular. La mitosis y la meiosis producen dos células hijas a partir de una célula madre, y la secuencia de eventos que ocurre es similar; sin embargo, en la meiosis, hay dos rondas o ciclos de separación genética y división celular en comparación con la división en mitosis. La meiosis se somete a una separación cromosómica homóloga que proporciona dos células hijas que no son genéticamente idénticas. La mitosis produce dos células hijas que son idénticas a la célula madre y entre sí. Hay dos figuras para ayudarte a ver las diferencias entre la meiosis y la mitosis.

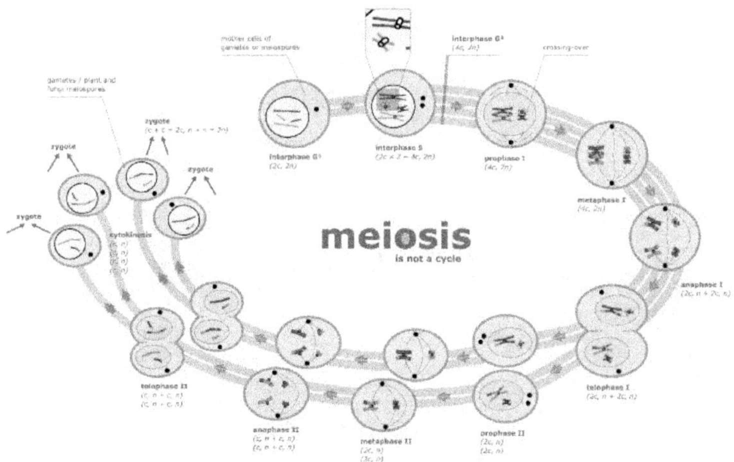

Figura 3: Meiosis.

Examina las figuras 3 y 4 para ver las diferencias entre la meiosis y la mitosis. También hay que tener en cuenta que la meiosis es la reproducción celular a nivel sexual, frente a la mitosis que es asexual. La meiosis ocurre en humanos, animales, plantas y hongos, mientras que la mitosis ocurre en todos los organismos. La función de la meiosis es la diversidad genética a través de la reproducción sexual, mientras que la mitosis es la reproducción celular para el crecimiento general y la reparación del cuerpo.

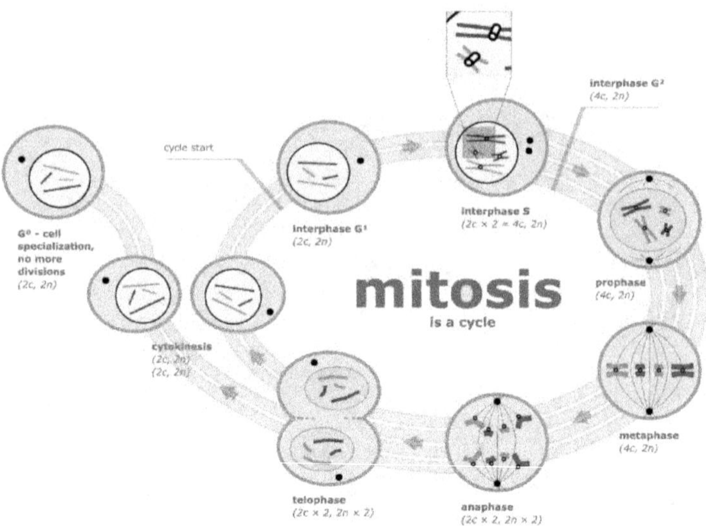

Figura 4: Mitosis.

Un poco sobre el núcleo

Aprendiste sobre la estructura celular como la membrana celular.
También sabes que las células tienen un núcleo, que contiene el ADN
o código genético que nos hace a todos diferentes. El ADN puede
estar en el núcleo, pero está contenido en estructuras de cromatina.
Cuando se produce la división celular, los contratos de cromatina
están formando cromosomas que contienen moléculas de ADN con
nuestra información genética, necesaria para que la célula funcione
correctamente. Aquí no se dará una lección genética; sin embargo, es
bueno conocer los fundamentos de la genética. Para la mayor parte
de la discusión de anatomía y fisiología, intenta entender la
producción de energía y la división celular, así como cómo se envían
o malinterpretan los mensajes para crear enfermedades o una división
celular problemática. Por ejemplo, la mitocondria es un organillo
esencial porque ofrece una función crítica para la producción de
alimentos oxidantes y la liberación de energía.

Revisión

La biología celular es el método por el que se forman nuestros cuerpos. Primero, dos células sexuales de nuestros padres se unen, sufriendo meiosis para luego dividirse en células hijas con diferentes estructuras de ADN. A medida que el cuerpo desarrolla la mitosis, se forman nuevas células para el crecimiento de diversos órganos, piel, músculos y otros componentes del cuerpo. Las células también pueden ser transportadoras de energía, información y reparación de daños en tejidos, piel, músculos y órganos. La mitosis es un proceso en el que las células se dividen para formar nuevas células hijas idénticas. Para entender las diferentes fisiologías del cuerpo, es necesario saber cómo funcionan las células y ayudan al cuerpo a funcionar en un estado de equilibrio.

Preguntas

1. ¿Cómo se llama el movimiento del agua a través de la membrana celular?
2. ¿La cabeza de la bicapa fosfolípida es hidrófila o hidrófoba?
3. ¿Qué no es una función de la membrana celular: la producción de energía, el transporte de moléculas, una barrera o la contención del citoplasma?
4. ¿Las células hijas producidas por la meiosis son idénticas?
5. ¿Cuál es la función de la mitosis?
6. ¿Qué significa diploide y haploide?
7. ¿Qué es una célula eucariota?
8. ¿Qué es el ADN?
9. ¿En qué consiste el ADN?
10. ¿Qué es la mitocondria?

Capítulo 4: El sistema integumentario.

El sistema integumentario está compuesto por el cabello, la piel, las uñas y las glándulas exocrinas. La piel constituye el órgano más grande del cuerpo, a pesar de su escaso espesor milimétrico. La piel de la mayoría de las personas pesa tres kilos, y tiene una superficie de 6 metros cuadrados. La piel es la barrera que protege al cuerpo de enfermedades, productos químicos, luz ultravioleta y daños físicos. El cabello y las uñas también trabajan para reforzar la piel y protegerla del daño ambiental. Sus glándulas exocrinas lo protegen contra las preocupaciones ambientales al producir aceite, sudor, cera, todo lo cual enfría, protege e hidrata la piel.

Terminología

Epidermis: la capa superior de la piel.

Dermis: capa media de la piel.

Hipodermis: la capa inferior de piel adherida al músculo y a los huesos.

Termorregulación: la capacidad del cuerpo para regular la temperatura exterior e interior.

Funciones del sistema integumentario

- Protección.
- Termorregulación.
- Balance de agua.
- Mensajes entrantes.
- Mensajes salientes.
- Producción de sustancias.

La protección es manejada principalmente por la piel con patógenos, radiación solar y otras sustancias dañinas que impiden que lleguen a otras capas del cuerpo.

Termorregulación es el término que se aplica a la regulación de la temperatura corporal, a la que ayudan los apéndices y la piel. Esto puede suceder de varias maneras. La piel ayuda junto con la homeóstasis, a definir si hace frío o calor. Cuando se tiene frío o calor, el cuerpo reaccionará para mantenerse en equilibrio. Alrededor del 60% de los alimentos que el cuerpo descompone en energía se utilizan para producir calor. La piel no es la única parte del cuerpo que debe tener en cuenta la regulación de la temperatura. Este también tiene sistemas internos de temperatura, como vasos sanguíneos, que se dilatan en la dermis para disipar el calor al removerlo de la sangre a través de la epidermis. Cuando tienes calor, las glándulas sudoríparas también actúan en la liberación del calor. Si tienes frío, la piel detiene las glándulas sudoríparas para que pueda aumentar la temperatura mediante la producción de energía durante el metabolismo. Los músculos también son parte de la ecuación cuando la temperatura del cuerpo baja a menos de 36°C,

porque comenzarás a temblar, lo cual indica que los músculos se contraen para crear calor.

El balance de agua es imperativo; recuerda que tu cuerpo tiene un alto porcentaje de agua. Si tu piel fuera permeable al agua se secaría, por lo que piel es impermeable al agua, y solo permite que el exceso de agua y ciertos residuos celulares escapen a través de la dermis como un sistema de gestión para mantener el agua del interior. Los mensajes se envían por todo el cuerpo y la piel tiene órganos sensoriales que se encargan de transmitir el calor, el frío, la vibración, el dolor y la presión. Del mismo modo que la piel puede recibir mensajes, también puede enviarlos. Los médicos pueden examinarla en busca de salud. Al observar el cabello, la piel y las uñas, el médico puede determinar si alguien tiene una enfermedad, como por ejemplo una deficiencia de ciertas vitaminas. El estado emocional también es proyectado por la piel a través del rubor, la palidez, la sudoración y piel de gallina. El olor también puede surgir de las glándulas sudoríparas o de la excitación sexual.

La piel tiene glándulas sebáceas, típicamente asociadas con los folículos pilosos. Una sustancia cerosa es producida por estas glándulas que se llama sebo. Esta sustancia ayuda a proteger la piel del daño.

Ahora que entiendes las funciones del sistema integumentario, podemos examinar la estructura con más detalle.

Estructura

Tu piel está compuesta de capas. La epidermis es la capa superior; es lo que tú ves y lo que todos los demás verán cuando te miren. La epidermis es el lugar donde aparecen las cicatrices superficiales, los granos, las reacciones alérgicas y el tono de la piel. La epidermis suele ser suave, untuosa y elástica. Tiene resiliencia y fuerza. En ciertas áreas, la epidermis puede ser gruesa debido al vello y más densa que en lugares como los nudillos. La capa superior no tiene suministro de sangre, aunque esta y la reproducción celular la mantienen sana. Cuando se pierden células de la piel, se debe a la producción de nuevas células de las capas más profundas que reemplazan la capa superior de la piel.

La membrana basal es el lugar donde se produce la producción celular, por lo que es la capa más "feliz" de la epidermis. Examina la siguiente figura para conocer las diferentes capas de la epidermis.

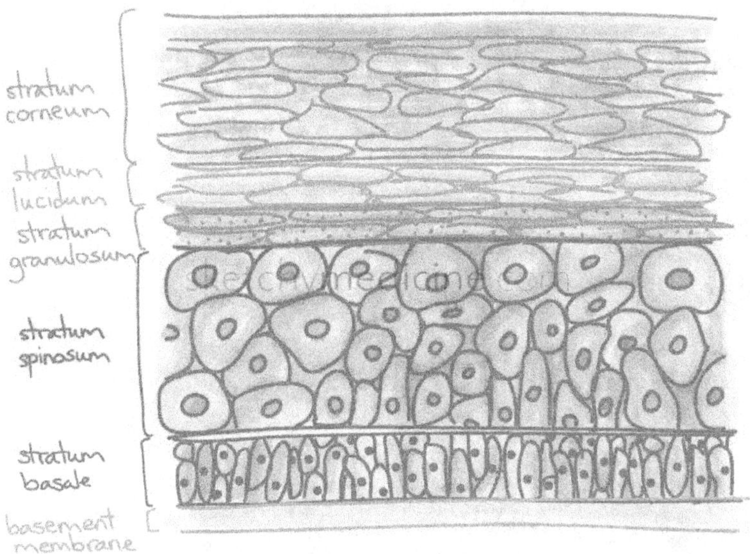

Figura 5: Epidermis.

La siguiente capa es la dermis. Es más gruesa que la epidermis y contiene más capas. Sin embargo, se considera que tiene dos capas, la región papilar y la región reticular.

La región papilar es como la membrana basal de la epidermis y contiene papilas, que son proyecciones en forma de dedos que empujan a través de la epidermis. Son las papilas las que crean las crestas de fricción en los dedos de las manos y de los pies dándole huellas. La región reticular es un área de producción de fibras proteicas. Es el área en la que el cabello, las uñas, el sebo, el sudor apocrino y acuoso son creados y luego enviados a la capa superior de la piel. Los vasos sanguíneos también residen en la dermis para ayudar a nutrir la piel y eliminar ciertos desechos. La región reticular es también una zona de comunicación para el sistema nervioso y los vasos linfáticos. Cuando sientes dolor, es, por lo general, a nivel de la dermis, como por ejemplo un corte con papel.

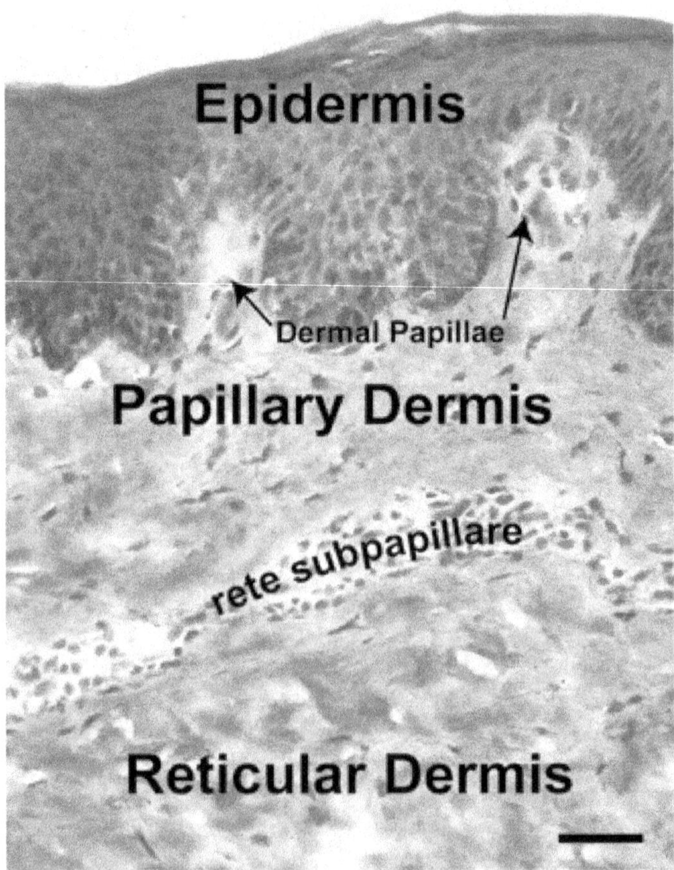

Figura 6: La dermis.

La tercera capa de piel es la hipodermis. Como puedes imaginar, es la capa subcutánea, que se conecta con los músculos y los huesos. También alberga tejido adiposo, un tejido graso. La función de la hipodermis es el aislamiento y el almacenamiento de energía. Los vasos sanguíneos, los vasos linfáticos y las fibras nerviosas atraviesan esta capa de piel. Además, el tejido adiposo es importante para el equilibrio del sistema endocrino.

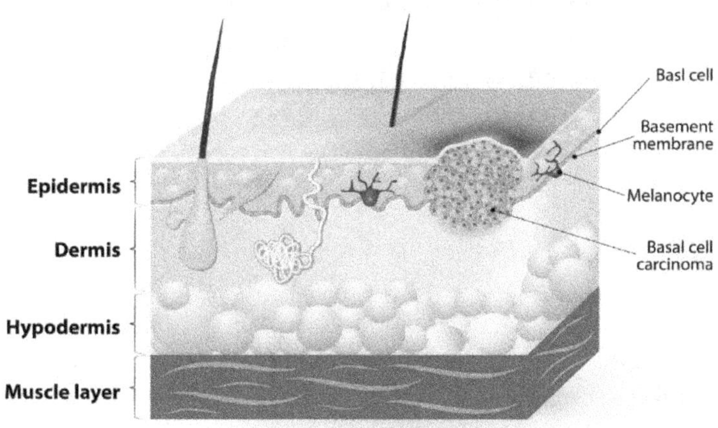

Figura 7: Esta imagen muestra cómo las tres capas se acumulan en la parte superior del músculo. También muestra un carcinoma o célula cancerosa que se ha formado en la epidermis, a través de la membrana basal, y adherida a la dermis. Para tus fines, solo necesitas saber dónde queda la hipodermis en las capas de la piel y su función.

La piel no está sola, tiene pelo y uñas adheridas. Los folículos pilosos se empujan hacia arriba desde la dermis para atravesar la epidermis. La función del cabello es la de mantener la temperatura. Cuando te enfríes, el aire quedará atrapado entre la piel y el cabello para ayudarte a mantener el calor. El cabello tiene un período de inactividad y crecimiento. Durante el reposo vegetativo cabello puede caerse para ser reemplazado durante el período de crecimiento. El cabello que se ve ya ha sido aplanado y convertido en células muertas llenas de queratina. El cabello tiende a durar cuatro años antes de caerse, mientras que las pestañas se caen en cuatro meses. Una persona calva sufre de células ciliadas latentes que nunca se vuelven a activar para reemplazar el cabello perdido.

Las uñas de los dedos de las manos y de los pies se encuentran en "lechos de uñas", que son lechos de piel. En la parte posterior del lecho ungueal se encuentra la raíz de la uña, que permite que la sangre pase. Cada raíz comienza cerca de un suministro de sangre y crece aproximadamente 1 milímetro por semana. A medida que se alejan de la sangre, se vuelven queratinizados o las células mueren. Las uñas existen para proteger los extremos distales o los extremos de los dedos de las manos y de los pies.

Glándulas

Como parte del sistema integumentario, también tienes glándulas. Algunas glándulas son sudoríparas, y ofrecen dos formas de sudor. Estas glándulas sudoríparas producen sudor ecrino y apocrino. El sudor de Eccrine es normalmente lo que aparece en todas las áreas de la piel, y está compuesto de agua y cloruro de sodio. Por eso, cuando sudas, la humedad del sudor es como agua salada. El sudor de la glándula ecrina sirve para enfriar el cuerpo.
Las glándulas sudoríparas apocrinas se encuentran en las regiones axilar y púbica del cuerpo, o en las axilas y entre los muslos. Estas glándulas se extienden hasta los pelos. Las glándulas crearán una sustancia aceitosa cerosa, que comienza en la pubertad; por lo tanto, ahí comienza la necesidad de usar desodorante. La sustancia tiene olor debido a la digestión de las bacterias que viven en la piel.

Otro tipo de glándula es la sebácea, que es una glándula exocrina en la dermis. Esta crea sebo, que actúa como una sustancia impermeable y aumenta la elasticidad de la piel. Puede ser un lubricante que protege las cutículas del cabello cuando atraviesan el exterior de la piel.

Las glándulas ceruminosas también son un tipo de glándula exocrina, pero solo se encuentran cerca de los canales auditivos en la capa de la dermis de la piel. Una secreción cerosa, la cera, se produce para proteger el canal auditivo y mantener al tímpano lubricado. Las personas tienen que remover el cerumen o cera más viejo, pero deben tener cuidado de no limpiarse demasiado los oídos, ya que esto remueve la cera nueva y puede ocasionar el crecimiento de bacterias que causan comezón en el oído.

Vitamina D

La vitamina D es un nutriente que tu cuerpo necesita, y como tal vez recuerdas, proviene de la exposición al sol. También se produce por la absorción del calcio de los alimentos que se consumen. La vitamina D ayuda a mantener tu cuerpo energizado y la piel saludable. Una deficiencia de vitamina D puede aparecer en problemas de la piel o por una sensación de cansancio.

Conceptos importantes

Si tu piel se está "autocurando" significa que se está regenerando; si se la cuida adecuadamente, se pueden evitar cicatrices, arrugas y otros daños. Cuando la piel no sana lo suficientemente rápido, como con un corte profundo, las fibras colágenas llenan el espacio creando una cicatriz.

El cáncer de piel puede ocurrir por la genética y/o por exposición al sol. Los rayos UV, si bien son útiles para la vitamina D, pueden obtenerse en exceso, lo que puede resultar en un melanoma. Los tres tipos más comunes de cáncer de piel son: de células basales, escamosas y de melanoma maligno. La célula de Basilea a menudo está contenida en un área, donde crecerá un tumor que podrá extirparse sin que se disemine. El carcinoma escamoso comienza en la epidermis y se puede diseminar a los órganos cercanos, y una de cada 100 personas en esas circunstancias, puede morir a causa de este tipo de cáncer. El melanoma maligno comienza en las células que producen melanina, que es lo que cambia el color de la piel. El melanoma es negro con bordes irregulares y se extiende por la epidermis. Por lo general, aparece en personas que se han expuesto al sol repetidamente, y una de cada cinco personas morirá a causa de ello dentro de los próximas cinco años de haber desarrollado este tipo de cáncer.

La dermatitis es un problema de la piel diferente: es una inflamación en forma de una erupción cutánea. Por lo general, el sarpullido quema y pica. Se puede contraer una inflamación por una infección, irritación por químicos o plantas, una alergia, una picadura de insecto, por afeitarse o una quemadura por el sol. La genética juega un papel muy importante en el hecho de que la persona tenga una piel sensible, lo que deriva en una dermatitis crónica. Evitar los alérgenos puede ayudar, así como también los hongos que pueden inflamar la piel.

La pérdida de cabello o alopecia puede ser permanente o temporal. También puede relacionarse con el desequilibrio de otros sistemas del cuerpo, como el sistema endocrino. Por ejemplo, las personas con problemas de tiroides tendrán pérdida de cabello cuando sus hormonas estén desequilibradas.

Las uñas también pueden mostrar signos de enfermedad, como es el caso de las uñas quebradizas y cóncavas con estrías. Pueden mostrar una deficiencia de hierro, más conocida como anemia. Las uñas que se separan del lecho ungueal pueden mostrar signos de trastornos de la tiroides, particularmente la enfermedad de Graves. Las marcas negras debajo de las uñas son generalmente un indicador de enfermedad cardíaca o respiratoria, siempre y cuando no se hayan roto los vasos sanguíneos dañando el área de la zona. Las uñas amarillas, curvas y duras son un signo de dilatación de los bronquios o bronquiectasia y de retención de líquidos en los ganglios linfáticos (linfedema).

Los dermatólogos estudian el sistema integumentario para la salud y están a disposición cuando se desarrolla un problema en la piel, el cabello o las uñas, lo cual puede ser el resultado de un cuidado inadecuado, alergias o sustancias químicas de exposición. Los dermatólogos también pueden ayudar con el acné, el eccema y otras condiciones de la piel.

Cuando los problemas son el resultado de otro sistema corporal, como el sistema endocrino, un dermatólogo puede ofrecer una solución temporal, pero no puede solucionar el problema en su totalidad.

Revisión

El sistema integumentario está compuesto por el cabello, la piel y las uñas. La función principal de este sistema es la protección, pero también ayuda con la retención de agua, la regulación de la temperatura, los mensajes enviados y recibidos y la producción de sustancias. Tu piel es la primera y única barrera al mundo exterior, asegurando que los músculos y órganos no se quemen por los rayos UV, ni sean dañados por bacterias u otras sustancias. El cabello y las uñas también protegen las zonas sensibles del cuerpo y mantienen la temperatura regulada. La genética y la exposición a los rayos UV pueden provocar enfermedades. T genética también puede hacerte más susceptible a los problemas de dermatitis.

Preguntas

1. ¿Cuáles son las tres capas de piel?

2. ¿A qué está adherida la piel?

3. ¿Cuál es la función de la epidermis?

4. ¿Dónde están las glándulas sudoríparas?

5. ¿Cuáles son los dos tipos de sudor?

6. ¿Qué hay detrás de la formación del cáncer de piel?

7. ¿Por qué es importante la vitamina D?

8. ¿Qué indican las uñas quebradizas y cóncavas?

9. ¿Las enfermedades que aparecen en la piel, el cabello y las uñas son un signo de problemas internos?

10. ¿Por qué son importantes los dermatólogos para la salud del sistema integumentario?

Capítulo 5: Los huesos y el tejido esquelético.

Para este capítulo, será de gran ayuda tener un esqueleto a mano. Es posible que prefiera ver una imagen o tener un esqueleto falso como los de su clase de anatomía. El esqueleto proporciona la forma humana básica y el tamaño de nuestra especie. El esqueleto se conoce como el sistema musculoesquelético, que contiene todos sus huesos, las articulaciones que los conectan y los tejidos fibrosos que cubren, protegen y unen dichas articulaciones y huesos. Tu esqueleto, como todos los sistemas del cuerpo, tiene algunas funciones.

La función obvia es la de apoyo, ya que sin huesos su forma no sería más que una mancha de órganos y piel. El sistema musculoesquelético también ayuda con el movimiento y la protección. La caja torácica, por ejemplo, protege a los pulmones y el corazón, así como otros órganos.

Terminología

<u>Tejido óseo:</u> tipo de tejido óseo que se encuentra en el centro de los huesos.

<u>Cartílago:</u> tejido flexible, sin mayor aporte de sangre.

<u>Epiglotis:</u> cartílago que conecta la lengua en la raíz, que se cierra para

ayudar a tragar y evitar el envío de alimentos por la tráquea.

<u>Tejido conectivo fibroso:</u> el FCT es el tercer tipo de tejido óseo que forma una cubierta protectora alrededor de sus huesos y se conecta sin problemas con ligamentos y tendones para ayudar a mantener sus huesos conectados en todo el cuerpo.

<u>Calcificación:</u> también llamada osificación, es la formación del hueso. La calcificación ocurre cuando el calcio se deposita en el hueso creando su estructura. La calcificación y la osificación se pueden utilizar para determinar la edad debido a la cantidad de calcio que se deposita en la estructura ósea.

El maquillaje del esqueleto

Por ahora, solo tienes que saber que tu cuerpo tiene 206 huesos, los cuales tienen que estar conectados de alguna manera. El tejido conectivo, del cual tienes tres tipos, es la forma en que los huesos están unidos. Estos tejidos son óseos, cartilaginosos y fibrosos.

El tejido óseo puede generarse y repararse por sí mismo debido a la alta cantidad de sangre que pasa a través de él.

Los huesos del cuerpo son extremadamente importantes, más allá de la integridad estructural que le dan a él; por ejemplo, producen nuevas células sanguíneas. Los huesos tienen cuatro tipos de células llamadas osteocitos, osteoclastos, osteoblastos y osteogénicos. Una de las cosas más importantes que debes recordar es que los huesos y el tejido óseo son diferentes debido a la configuración especializada del tejido óseo. Los huesos consisten en tejido óseo, que parece grandes agujeros, los cuales son rodeados por círculos llamados osteones que se "pegan" para formar huesos "compactos". El Haversian, o agujero en el centro del hueso, permite que los nervios y los vasos sanguíneos corran a través del hueso. Los círculos alrededor del Haversian son láminas, que son anillos compuestos de calcio. Los osteocitos no pueden moverse y residir en cuevas llamadas lagunas. Tienen estructuras similares a las de un brazo que se extiende a través de túneles para obtener nutrientes de otras células, porque las células buscan obtener lo que necesitan de otras células que están en el hueso. Las estructuras en forma de brazo se conocen como canaliculi.

El cartílago es un tejido flexible: piensa en tu nariz y en cómo la parte del cartílago se puede mover un poco en comparación con la roca, así como la sensación de los otros huesos y la forma en que éstos encajonan con otros tejidos. El cartílago es una fibra proteica. Es el menos complicado con respecto a la estructura porque tiene dos tipos, menos células y menos suministro de sangre. De hecho, el cartílago no tiene un suministro directo de sangre. El cartílago hialino forma el tabique de la nariz. El fibrocartílago es un tejido esponjoso y fibroso que se encuentra cerca de la columna vertebral y la pelvis, y que actúa como amortiguador. Un último tipo de cartílago es el elástico, que contiene numerosas fibras elásticas para hacerlo flexible. Se encuentra en la oreja externa y la epiglotis.

El cartílago no se genera y regenera tan fácilmente como otros tejidos óseos. Por lo tanto, tiene menos células, y las células maduras no tienen un suministro de sangre.

Se puede pensar al tejido conectivo fibroso como una cinta de embalaje, pocas células vivas y compuesto de azúcares complejos, fibras proteicas y agua. El FCT crea el periostio o una hoja protectora que recubre los huesos. El sistema de tejidos incluye fibras de colágeno que ayudan a proteger los ligamentos y tendones, que conectan los huesos con los huesos o músculos. Tienes que entender que el periostio que cubre los huesos es "continuo" porque no puede separarse de una lámina de tejido de las cuerdas o ligamentos que conectan los huesos y músculos.

La estructura de los huesos

La siguiente figura te ayudará a ver la estructura ósea, con los diferentes tejidos. Refiérete a esta imagen para entender más sobre tejidos como el cartílago y el periostio. Observa también la orientación del hueso, por ejemplo, dónde está el extremo proximal en comparación con el distal.

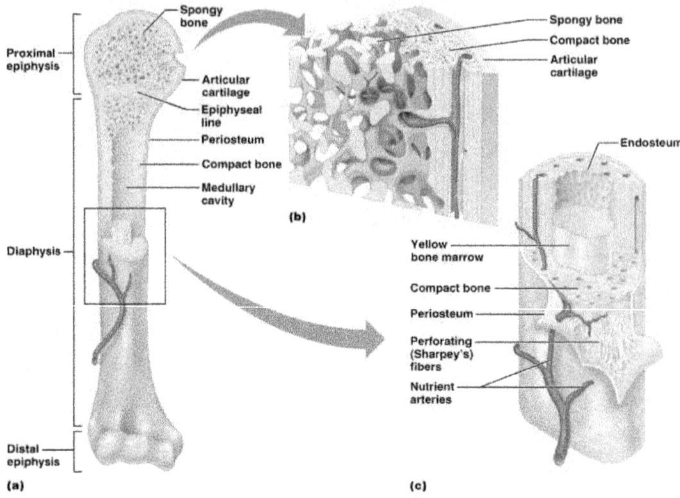

Figura 8: La estructura del hueso.

El hueso tiene cuatro secciones: compacta, esponjosa, cavidad medular y epífisis. El hueso compacto o cortical es la capa externa, que es la más densa. La capa esponjosa es la capa media, también conocida como trabecular. Está compuesto de fibras proteínicas mineralizadas y tiene un aspecto esponjoso.

La cavidad medular es la capa más interna, es un eje que contiene la médula ósea. La médula ósea se puede cosechar de una persona sana, que es idéntica a las de algunas personas que tienen ciertos tipos de cáncer. Se sabe que las células sanguíneas sanas introducidas en un cuerpo enfermo reparan el daño y combaten a las células cancerosas.

La epífisis es el extremo protuberante de un hueso largo, que es también la capa externa del hueso esponjoso. Cuando las células del cartílago se dividen y se convierten en tejido óseo, se forma la epífisis. Esto sucede desde el nacimiento hasta que el ser humano alcanza su etapa adulta. En otras palabras, la epífisis es el lugar donde los huesos se hacen más largos, dándole más altura o extremidades más largas, hasta que la huella genética le indica a los huesos que dejen de crecer.

La clasificación de los huesos

Los huesos se pueden clasificar en categorías. Son planos, largos, cortos e irregulares. Los huesos planos son el cráneo, las costillas, los omóplatos, el esternón y los huesos pélvicos. Estos huesos planos actúan como una armadura que protege los tejidos blandos y los órganos. Los huesos largos son los brazos y las piernas, que son como vigas de acero que ayudan a soportar el peso y proporcionan soporte estructural. Los huesos cortos, como las muñecas y los tobillos, son como bloques que ofrecen un rango de movimiento más amplio que los huesos más grandes. Los huesos irregulares, como las rótulas y la columna vertebral, se crean en varias formas, y se componen de músculos, ligamentos y tendones que ayudan a unir los huesos largos y cortos.

Crecimiento y remodelación ósea

Los huesos no se osifican al nacer. Por el contrario, continuarán creciendo y formándose a lo largo de la infancia y en la adolescencia. Existen dos tipos de osificación: intramembranosa y endocondral. Intramembranoso se refiere al ancho del hueso y ocurre en todos los huesos; la osificación endocondral trata, aproximadamente, sus longitudes. A los 18 años, la mayoría de las personas deja de crecer, y es entonces cuando las células dejan de dividirse y se "osifican". A pesar de que los huesos se han osificado, no significa que una persona ya haya terminado de desarrollarse. Los huesos pueden pasar por un proceso de remodelación a lo largo de la vida, porque el daño necesita ser reparado.

Otra cosa que debes recordar sobre los huesos es que almacenan calcio, por lo que, cuando tus niveles de calcio sean bajos, puedes sufrir pérdida ósea y tener huesos quebradizos, que se rompan con más facilidad. La osteoporosis ocurre con niveles bajos de calcio, lo cual lleva a la pérdida de hueso, huesos quebradizos y problemas de remodelación.

El cráneo

La siguiente figura tiene por objeto ayudarte a estudiar los huesos del cráneo y las cavidades, como el hueso frontal en comparación con el hueso occipital. Aprende el diagrama para que te ayude a responder las preguntas sobre la formación del cráneo. Tu cráneo o cabeza es un hueso protector, en realidad son ocho huesos protectores. Tienes huesos inmóviles que suturan al cráneo juntos. Los ocho huesos son: frontal: dos parietales, occipital, etmoides, esfenoides y dos temporales. El esfenoides es un hueso en forma de mariposa que reside en el piso del cráneo. Los huesos etmoides son placas que forman parte de la cuenca del ojo. Los huesos faciales son: lagrimales, mandibulares, maxilares y nasales. Los huesos lagrimales son dos pequeños huesos que se encuentran en las paredes internas de las órbitas occipitales.

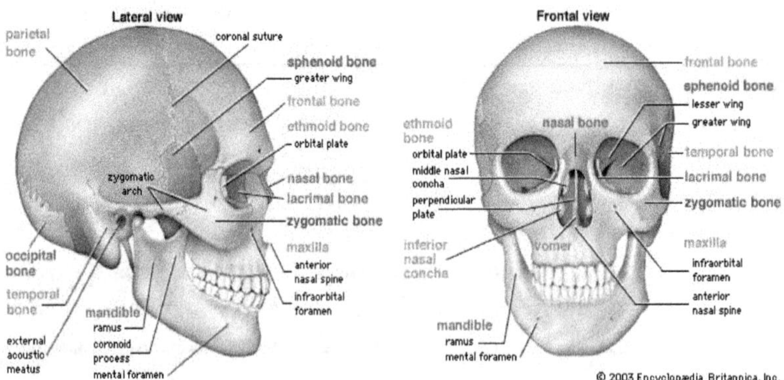

Figura 9: Aprende los diferentes términos anatómicos del cráneo.

Recuerda que hay 206 huesos en el cuerpo, pero sólo hay uno que tiene la distinción de ser el "hueso que flota": el hueso hioides, que descansa por encima de la laringe, y ayuda a anclar la lengua y los músculos que usamos para tragar. No está adherido a ningún tejido conectivo, sino que cuelga de los ligamentos que se unen a los huesos temporales.

La nariz se une a los senos paranasales, que están dentro del cráneo, para ayudar a que el aire fluya hacia el cuerpo. Los senos paranasales incluyen los: frontales, mastoides, maxilares y paranasales. Los senos mastoides drenan hacia el oído medio, por lo que los oídos pueden sentirse tapados cuando los senos nasales reaccionan a los alérgenos. Los senos maxilares son los más grandes y residen a lo largo de los huesos de la mandíbula superior.

Aprender el área de la columna vertebral y las costillas

Te convendrá conocer la imagen de la columna vertebral y la caja torácica. Debes tener la capacidad de distinguir el esternón, las costillas verdaderas, la médula espinal, las costillas flotantes, la clavícula y el proceso xifoideo en un examen.

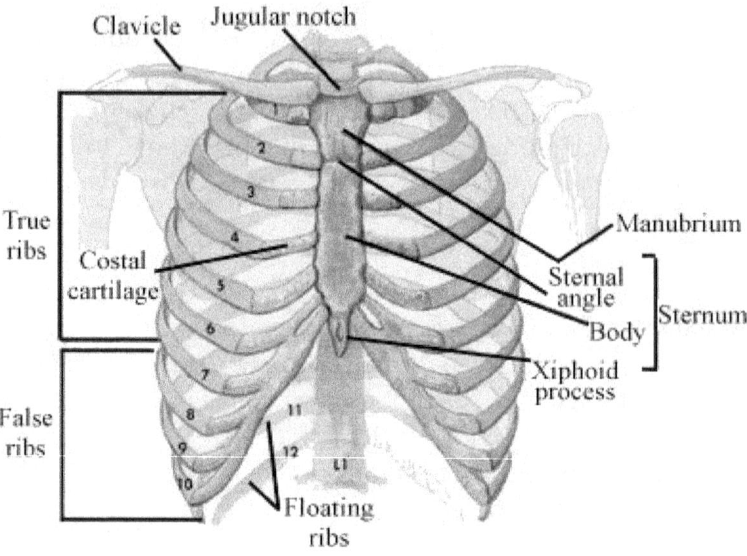

Figura 10: La columna vertebral.

Huesos pélvicos

Como con todas las áreas del cuerpo, deseas tener una buena idea de dónde están las articulaciones y los huesos en el cuerpo. Examina la región pélvica, y sé capaz de nombrar las diferentes partes basándote en la imagen de abajo y en tu libro de anatomía.

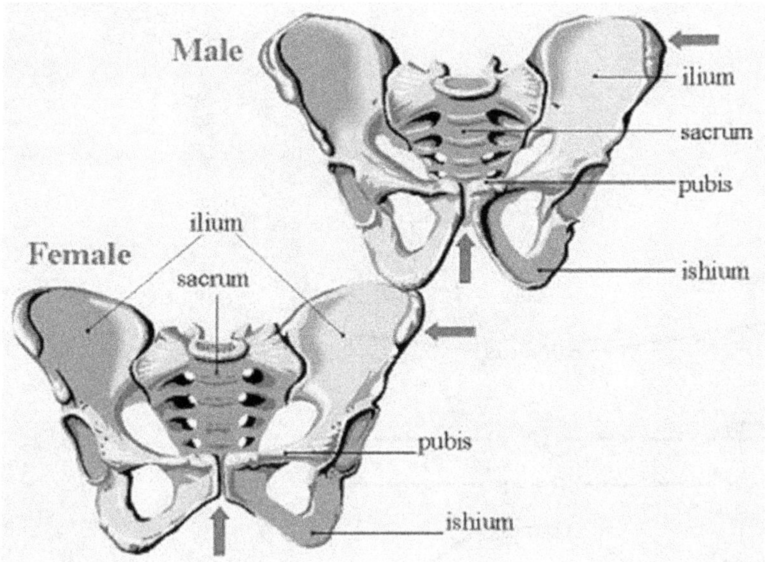

Figura 11: Observa las diferencias entre mujeres y hombres, como las espinas isquiáticas. La pelvis femenina tiende a ser ligeramente más grande alrededor de las caderas, con la capacidad de moverse durante el parto para que el niño no se quede atascado en la región de la "verdadera pelvis". Desafortunadamente, las caderas rara vez regresan a la etapa anterior al parto, y suelen permanecer más anchas.

Las armas

Las extremidades superiores y las manos tienen varios huesos, pero la siguiente figura proporciona las partes más importantes a recordar para tu clase de anatomía.

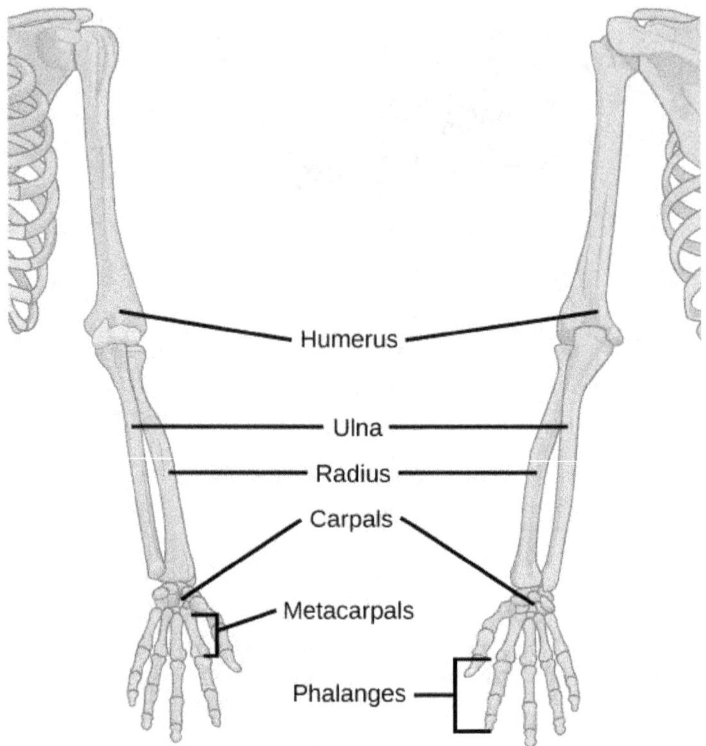

Figura 12: Anatomía de los brazos y manos.

Los miembros inferiores

Las extremidades inferiores también están formadas por varios huesos que trabajan juntos al unir ligamentos, tendones y cartílagos entre los huesos con fines de movimiento. Aprende los diferentes huesos para tu examen de anatomía.

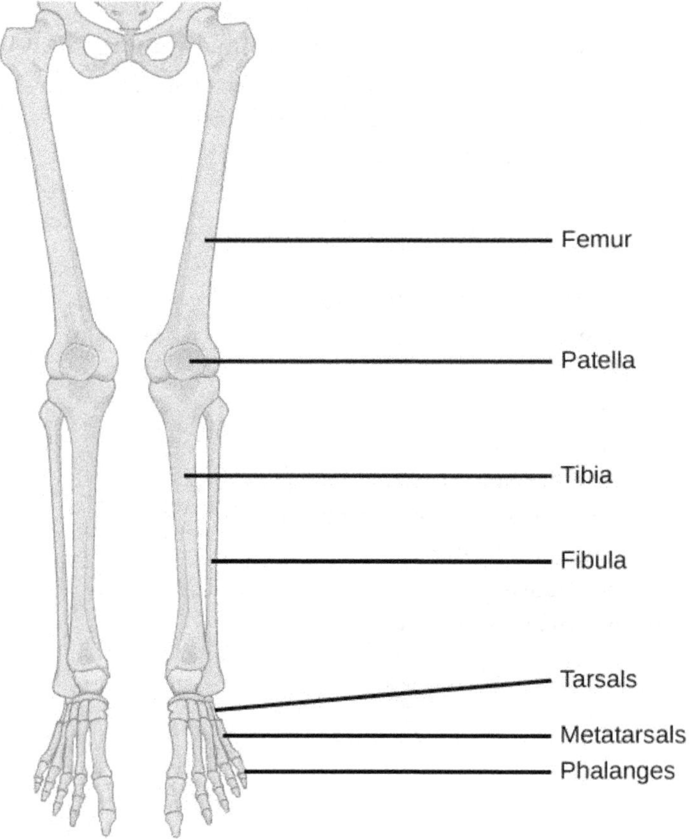

Figura 13: Las extremidades inferiores y los pies.

El calcáneo y el astrágalo (talón y tobillo) soportan la mayor parte del peso, por lo que pueden empezar a doler cuando alguien tiene sobrepeso; pueden sostener al cuerpo cuando está en el peso corporal ideal acorde a la estatura.

Revisión

Gran parte de este capítulo requiere que examines las diferentes imágenes del esqueleto y aprendas los nombres de los huesos. Al final de la clase de anatomía, tienes que saber dónde están los 206 huesos y sus nombres. Recuerda que el hioides es el único hueso que no está adherido a nada, lo que lo hace "flotar". Además, necesitarás conocer el tejido conectivo que ayuda a mantener las conexiones de los huesos con otros huesos y músculos.

Preguntas

1. Tus huesos tienen tres tipos de tejido conectivo, ¿cuáles son?
2. ¿Qué tejido conectivo tiene el mejor suministro de sangre?
3. ¿Cómo se llama la hoja protectora de FCT?
4. ¿Cómo crecen tus huesos?
5. ¿Cuáles son las cuatro secciones del hueso?
6. ¿Por qué ocurre la osteoporosis?
7. ¿Cuáles son los ocho huesos de tu cráneo?
8. ¿Qué hueso es el que flota?
9. ¿Cuáles son los senos paranasales más grandes?
10. ¿Qué es lo que más soporta tu peso?

Capítulo 6: El sistema muscular.

El sistema muscular sostiene la estructura, ayuda a moverse y a posicionarse. Otra parte de su función muscular es ayudar a mantener una temperatura corporal adecuada y ordenar las cosas dentro del cuerpo. Los músculos ayudan a que el cuerpo permanezca estructurado, al unir los huesos. También se pueden contraer y liberar como una forma de ayudar a que los huesos se muevan. Por ejemplo, cuando mueves un dedo, el músculo se contraerá y liberará para permitir que el dedo regrese a su posición original. Los músculos no pueden moverse por sí solos y requieren mensajes del sistema nervioso para adoptar diferentes posiciones.

Cuando se trata de la temperatura corporal, recuerda que al cuerpo le gusta estar en homeóstasis, así que al generar ATP en los músculos, recibes calor, lo que evita que el cuerpo tiemble cuando la temperatura es baja, y ayuda a activar la transpiración cuando está demasiado caliente.

Terminología

Le convendrá saber los dos tipos de tejido muscular y los sistemas que componen el cuerpo y que utilizan los músculos para contraerse y liberarse.

La ruptura de los músculos

Tu cuerpo tiene dos tipos de tejido muscular que son importantes: liso y cardíaco.

El músculo cardíaco se encuentra alrededor de las paredes del corazón, ayudándolo a contraerse para empujar la sangre a través de él y hacia las arterias. El corazón también tiene un músculo liso que está en los capilares. Estos músculos ayudan a mantener la presión arterial adecuada. Si el músculo liso no se contrae o dilata para permitir el flujo sanguíneo adecuado, el corazón no bombeará sangre oxigenada a través del cuerpo, lo cual puede dejarlo en una posición precaria.

Es posible que no se note, pero el diafragma también es un músculo esquelético que se contraerá y liberará como una forma de respiración. El diafragma contiene aire, que es forzado a entrar en los pulmones y salir por la boca cuando se exhala, e   inhala.

El sistema muscular también tiene músculos lisos que componen el tracto digestivo. Todos los órganos tienen paredes musculares que pulsan para empujar el material ingerido a través del cuerpo. Si bien es desagradable, piensa en cuándo tienes diarrea; sientes un estruendo en el interior, como si ciertos músculos se estuvieran contrayendo y relajando. Comienza en lo alto, pero con el tiempo, sientes una necesidad explosiva. Si quieres, piensa en tus músculos digestivos como una cinta transportadora y que, cuando está enfadada, la cinta se mueve de forma que se puede sentir lo contrario a cuando todas las funciones son normales.

Los músculos del esfínter son como válvulas con músculo liso. Cuando nacemos, los músculos del esfínter no están bajo nuestro control consciente. A partir de los dos años, nuestro cuerpo puede controlar estos músculos para permitir que los desechos salgan del cuerpo. Los hombres tienen músculos urinarios más fuertes que las mujeres, lo cual no significa que las mujeres vayan al baño con más frecuencia, sino que sus músculos no son tan fuertes y su vejiga es más pequeña, por lo que los viajes por carretera requerirán paradas más frecuentes.

Células musculares

Las células musculares son diferentes a otros tipos de células en el cuerpo. Son extremadamente distintas, hasta el punto de poder ver las diferencias en el tipo de tejido muscular al que pertenecen. Tienen un solo núcleo o múltiples núcleos y estrías. Los músculos cardíacos y los músculos lisos tienen un núcleo, mientras que las células musculares esqueléticas tienen múltiples núcleos.

Las estrías son las bandas claras y oscuras de fibra que se pueden ver bajo el microscopio. El músculo estriado es el que contrae los músculos, permitiéndoles moverse.

Los músculos pueden moverse voluntaria o involuntariamente. Voluntario significa que haces un esfuerzo consciente para moverlo; una acción involuntaria es el bombeo del corazón. Lo más importante que hay que recordar sobre las células musculares son las características celulares.

Los multinúcleos son músculos esqueléticos que no son cardiacos o lisos. Las células estriadas aparecen en los músculos esqueléticos y cardíacos, pero no en el músculo liso. Los músculos esqueléticos son los únicos músculos voluntarios de su cuerpo.

Examina la siguiente figura para comprender la anatomía de los músculos esqueléticos.

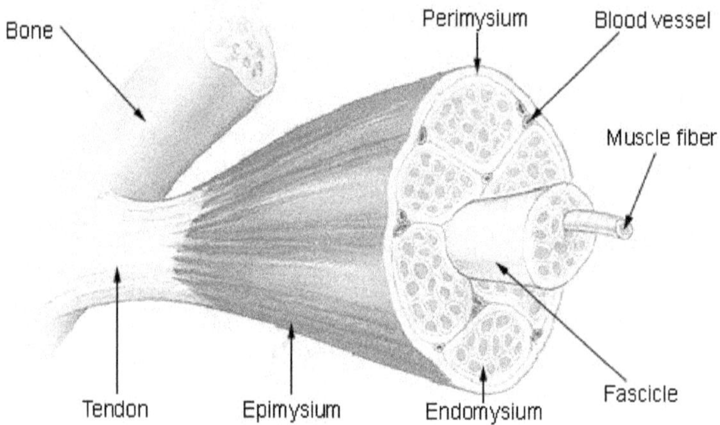

Figura 14: La estructura de la célula del músculo esquelético.

El cuerpo tiene filamentos llamados sarcomas, que están compuestos de filamentos gruesos y finos de los músculos. Estos filamentos son importantes para la contracción de los músculos y están alojados en todos ellos, lo que significa que pueden funcionar voluntaria o involuntariamente.

Para decirle a la fibra que se contraiga, se necesitan neuronas motoras que estimulen el filamento y las fibras liberando ACh o acetilcolina. El impulso se propaga a través del sarcolema o sistema nervioso a través de tubos en T o túneles, que llegan al retículo sarcoplásmico (SR) y le indican al calcio que se libere. Los sarcomas se contraen cuando los iones de calcio llegan a ellos.

Aprende la estructura de un sarcoma para el examen y sé capaz de discutir las porciones delgadas y gruesas del filamento, cómo se envían los mensajes y las diferentes partes, incluyendo la cabeza de miosina, el sitio de unión y la actina.

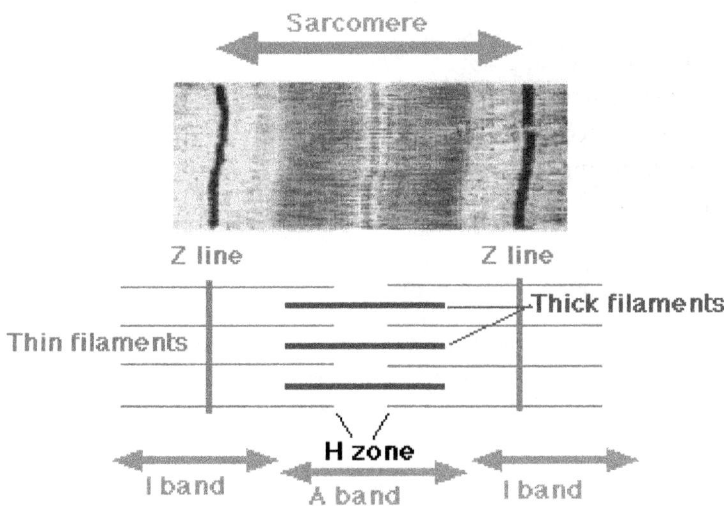

Figura 15: Estructura del sarcoma.

Revisión

Al momento del examen, es imperativo que tengas los diferentes nombres de los músculos aprendidos. Lo mejor que puedes hacer es obtener tarjetas de memoria de la tienda física o en línea que te ayudarán a aprender los diferentes músculos. La visión general aquí hecha fue para ayudarte a aprender información específica sobre la función de los músculos, como por ejemplo, cómo el sarcoma recibe un músculo para ayudarte a mover voluntariamente otros músculos en lugar de la acción muscular involuntaria.

Problemas

1. ¿Cuáles son los dos tipos de tejido muscular?
2. ¿Cuáles son los cuatro grandes sistemas musculares del cuerpo?
3. ¿Cuáles son los tipos de células musculares?
4. ¿Qué célula o células musculares están estriadas?
5. ¿Qué célula o células musculares son voluntarias?

6. ¿Qué es la RS?
7. ¿Qué significa ACh?
8. ¿Qué papel juegan ACh y SR?
9. ¿Qué es un sarcoma?
10. ¿El sistema nervioso está involucrado en el movimiento muscular?

Capítulo 7: Sistema endocrino.

El sistema endocrino es un sistema regulador que envía mensajes químicos a todo el cuerpo. Una persona que sufre de una condición de la tiroides tiene problemas con su sistema endocrino, particularmente la glándula tiroides. Los mensajes químicos se mezclan, por lo que el estado de ánimo, la función de los tejidos, el crecimiento, el desarrollo, el metabolismo, la reproducción y la función sexual pueden sufrir alteraciones. El sistema endocrino, como muchas otras funciones del cuerpo, está estrechamente ligado al sistema nervioso. El sistema nervioso, del cual aprenderás en el próximo capítulo, controla cuándo el sistema endocrino necesita liberar o retener hormonas para la actividad normal dentro del cuerpo.

Terminología

Glándulas: son órganos del cuerpo, muchos de los cuales forman parte del sistema endocrino y producen hormonas.

Las hormonas son producidas por el cuerpo, por lo que se conocen como sustancias endógenas. Las hormonas varían en su naturaleza química, fuente, tejidos diana y efectos.

El propósito del sistema endocrino

El sistema endocrino está destinado a mantener el cuerpo en equilibrio. Suena familiar para otros sistemas corporales, ¿verdad? La mayor parte del cuerpo va a tener funciones redundantes como una manera de mantenerlo entero en equilibrio u homeóstasis. El sistema endocrino hace esto con la secreción de hormonas cuando el sistema nervioso le dice que es hora de que una glándula produzca las hormonas que el cuerpo necesita para funcionar adecuadamente. En la mayoría de las clases de biología de nivel bajo se aprende acerca de las diferentes glándulas: tiroides, pituitaria y suprarrenal. Para la anatomía y la fisiología, necesitas entender la química y las fuentes de las hormonas.

Hormonas

Las hormonas se clasifican en tres tipos: lípidos, péptidos y aminas debido a su derivación. Las hormonas lipídicas también pueden ser fosfolípidos, que se crean a partir de ácidos grasos. Las hormonas más comunes de los lípidos son los esteroides, como la progesterona, el estrógeno, la aldosterona, la testosterona y el cortisol. El cortisol se crea a partir del colesterol. Otra hormona lípida es la prostaglandina.

Las hormonas peptídicas son aminoácidos, como la hormona liberadora de tirotropina, la hormona antidiurética y la oxitocina. Usted puede reconocer la TRH y la ADH como la abreviatura de las hormonas liberadoras de tirotropina y antidiuréticos respectivamente.

Las hormonas amínicas también provienen de los aminoácidos, como el triptófano y la tirosina. La tiroxina, la norepinefrina y la epinefrina también son hormonas aminas.

Las hormonas glicoproteicas son hormonas complejas a base de proteínas con cadenas de carbohidratos. La hormona foliculoestimulante, la hormona estimulante de la tiroides y la hormona luteinizante son todas hormonas glicoproteicas. Sus siglas son FSH, TSH y LH respectivamente.

Fuentes especializadas

Los biólogos han descubierto que algunas hormonas se especializan en la estructura y producción basadas en mecanismos de acción. Las glándulas endocrinas son órganos que sintetizan hormonas, que también tienen un tipo de célula especializada. La hipófisis, por ejemplo, tiene células que producen una hormona adrenocorticotrópica o ACTH, TSH y hormonas de crecimiento. Las células del timo controlan la maduración de las células inmunitarias.

Otros órganos también pueden producir hormonas. Por lo tanto, se relacionan con el sistema endocrino. El páncreas, generalmente, segrega enzimas para la digestión, pero también puede producir insulina y glucagón.

El estómago y los intestinos liberan hormonas sintetizadas en los órganos para ayudar con los detalles químicos y físicos de la digestión.

Los ovarios y los testículos toman moléculas de colesterol y producen estrógeno y testosterona.

Incluso el corazón, que se sabe que produce una hormona que ayuda con el volumen sanguíneo y trabaja para asegurar el equilibrio de líquidos.

Las neuronas producen neurotransmisores, que son similares a las hormonas porque envían mensajes.

Concéntrate en aprender las diferentes hormonas, de dónde provienen y su función. La información a continuación te ayudará en esto.

ACTH=hipófisis=producción de corticosteroides.

ADH=pituitaria=ayuda a los riñones a absorber agua y a prevenir la deshidratación.

Calcitonina=tiroidea=reduce el calcio en el torrente sanguíneo.

Epinefrina y norepinefrina= médula de la glándula suprarrenal=estimula la lucha o la huida.

Estrógeno=ovarios=reproducción y regulación de la pubertad.

Glucagón=páncreas=la glucosa se libera en la sangre de varios órganos,

Glucocorticoides=glándulas suprarrenales=estimula la glucosa de proteínas y grasas.

Gonadocorticoides=adrenal=estimula la líbido.

Gh u hormona de crecimiento=hipófisis=ayuda a la división celular y a la síntesis de proteínas.

Insulina=páncreas=almacenamiento y movimiento de glucosa hacia ciertos órganos, como el hígado.

Melatonina=pineal=controla la rutina diaria.

Mineralocorticoides=adrenalina=función renal para la absorción de sodio y la liberación de potasio.

Oxitocina=pituitaria=ayuda en el parto y la producción de leche.

Hormona paratiroidea=paratiroides=estimula las células de los riñones, huesos e intestinos para liberar calcio.

Progesterona=ovarios=prepara el útero para el embarazo.

Prolactina=hipófisis=estimula la producción de leche en las hembras.

Testosterona=testes=producción de esperma y características sexuales masculinas.

TSH=pituitaria=ayuda a la glándula tiroides a producir calcitonina y tiroxina.

Tiroxina=tiroides=ayuda con el metabolismo, aumenta el ritmo, la regulación del crecimiento y el desarrollo.

Las hormonas se absorben porque hay receptores. Si esos receptores no están presentes, la hormona no se absorberá, lo que puede llevar a problemas en el equilibrio del cuerpo. Los receptores pueden funcionar mal si las células están enfermas. Además, si no se envían señales porque el cuerpo piensa que tiene muy poca o mucha hormona, el cuerpo puede desequilibrarse. Mientras los receptores estén presentes, las hormonas serán absorbidas.

Revisión

El sistema endocrino es extremadamente importante para el funcionamiento normal del cuerpo porque las hormonas son liberadas para ayudar a mantener el cuerpo en equilibrio. Si no existen receptores, las hormonas no pueden ser absorbidas por el órgano o la glándula, lo que deja a las hormonas deambular, descomponerse y desaparecer. Un cuerpo que funciona correctamente liberará hormonas cuando las señales le indiquen a las glándulas que lo hagan, y los receptores estarán esperando al órgano o sistema que las necesita. El SNC es responsable de enviar señales para producir hormonas, mientras que muchas de las glándulas ya sintetizan las hormonas requeridas.

Preguntas

1. ¿Cuáles son los tres tipos de hormonas?
2. ¿De dónde provienen normalmente las hormonas?
3. ¿Cuál es la fuente de la corticotropina?
4. ¿Cuál es la función del estrógeno?
5. ¿Qué papel tiene el páncreas en la producción de hormonas?
6. ¿Qué es la TSH?
7. ¿Dónde se produce la TSH?
8. ¿Cuál es la hormona masculina?
9. ¿Cuáles son las dos hormonas que influyen en la producción de leche?
10. ¿Por qué es importante el mineralocorticoide?

Capítulo 8: Fundamentos del sistema nervioso y del tejido neural.

El sistema nervioso es la característica más distintiva de nuestro cuerpo. Particularmente el cerebro nos separa de otros organismos, ya que nos da el poder del habla y de un pensamiento más elevado que el de otros animales.

Terminología

Este es otro capítulo que tendrá numerosos términos explicados de los te convendrá hacer o comprar tarjetas flash.

La entrada sensorial define a los receptores sensoriales o neuronas que recogen información de todo el cuerpo y luego la transmiten al cerebro.

Integración es la palabra para describir el SNC o sistema nervioso central. El SNC dará sentido a la información que recibe de todo el cuerpo.

La salida del motor es una respuesta a la entrada de integración, que envía mensajes a través del sistema nervioso periférico o PNS. El

SNP habla con los músculos, las glándulas y los órganos.

Tejido nervioso: está formado por dos tipos de células -neuronas y células neurogliales-, que son clave para la distribución y estructura del tejido especializado que compone al sistema nervioso.

Neurona: es una célula y la unidad más básica del SN (sistema nervioso).

No mielinizada: significa que carece de una vaina de mielina. Una vaina de mielina es una sustancia grasa blanca que protege los axones y ayuda a aislar la célula nerviosa.

Sinapsis: un espacio entre un axón y una dendrita.

Neurotransmisor: para lograr la sinapsis, una neurona libera neurotransmisores.

La acetilcolina estimula los músculos y participa en el sueño REM.

La norepinefrina es liberada por las glándulas suprarrenales para mantenerte alerta.

La dopamina es un mecanismo de recompensa que puede hacerte feliz o sentirte bien.

El GABA o ácido gamma-aminobutírico es un neurotransmisor inhibidor que detendrá la ansiedad.

El glutamato es un neurotransmisor excitador que ayuda a la memoria.

La serotonina es otro neurotransmisor inhibidor que ayuda con la emoción y el estado de ánimo, como mantener cierto control.

Las endorfinas son inhibitorias y reducen el dolor y el placer.

Explicación de las neuronas

Las neuronas inician y transmiten mensajes a través de señales eléctricas que el cuerpo enviará y recibirá desde diferentes áreas. La neurona recibe información constante e instantánea para ayudar a decidir qué se le pide a los músculos, glándulas o células neuronales.

Existen tres tipos de neuronas: sensoriales, motoras e interneuronas. Las neuronas sensoriales también se conocen como neuronas aferentes porque responden a la luz, al tacto, al sonido y a otros "sentidos". Las neuronas motoras son neuronas eferentes porque transmiten mensajes desde el cerebro y la médula espinal hacia los músculos y glándulas, como por ejemplo, provocando que los músculos se contraigan.

Las neuronas internas o de asociación conectan a las neuronas con otras neuronas en el cerebro o la médula espinal.

Las neuronas en diferentes partes del sistema nervioso tendrán diferentes funciones. Serán diferentes en forma, tamaño y propiedades electroquímicas. Tienen tres partes que sí son iguales: cuerpo celular, dendritas y axón. El cuerpo celular contiene un núcleo, mitocondrias y orgánulos como todas las células. La célula también contiene dendritas, que son extensiones que se ramifican desde uno de los cuerpos celulares como una forma de recibir información de otras neuronas; trabajan para transmitir mensajes. El axón es un cable de proyección que se extiende fuera de la célula, llevando impulsos desde el cuerpo celular hasta la siguiente neurona en la cadena; puede haber una extensión de hasta 10.000.

Las neuronas no son algo que se replica como la piel. Tú formas células de la piel nuevas diariamente la mayor parte del tiempo. Sin embargo, las neuronas viven durante años sin dividirse. En realidad, esta es un área de estudio que aún no se entiende completamente, pero los científicos están trabajando para entender la formación de nuevas neuronas, para ver si es posible ayudar a mantener a cosas como el Alzheimer alejadas.

Tienes que saber que la neurona más larga de tu cuerpo va desde la punta del dedo gordo del pie hasta la médula espinal, y para la mayoría de las personas, esto significa una célula de 1 metro de largo.

La siguiente figura es para ayudarte a entender la anatomía de una neurona. Apréndete las diferentes áreas de las neuronas para el examen.

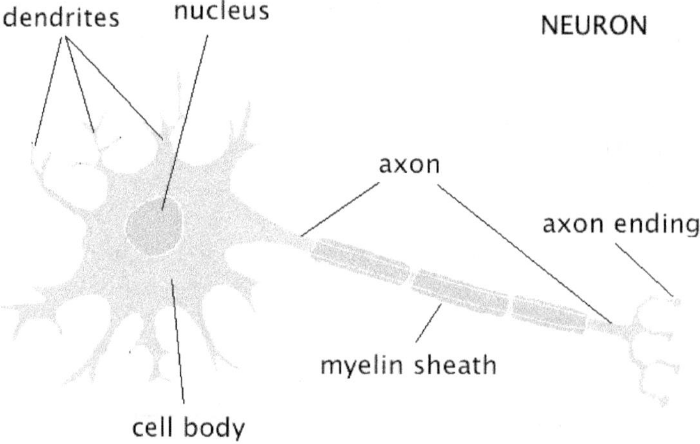

Figura 16: Neurona.

Células neurogliales

Las células neurogliales o gliales son tejido nervioso que no son neuronas. Estas células pueden comunicarse pero no tienen axones ni dendritas, y todas las células gliales están en el sistema nervioso central. Todos tenemos diferentes tipos de células: astrocitos, ependimales, microglia, oligodendrocitos y Schwann. Las células de astrocitos regulan los químicos en la sinapsis, lo que ayuda a crear nuevas conexiones neuronales. Las células ependimarias forman el líquido cefalorraquídeo o LCR. Las microglías ayudan a la protección inmunitaria. Los oligodendrocitos crean una vaina de mielina para ayudar a la transmisión de impulsos. Por último, las células de Schwann aceleran la transmisión de impulsos y promueven la regeneración de los axones en las neuronas.

Como con la mayoría de los sistemas del cuerpo, todos promueven la homeóstasis, por lo que la comunicación a través del SNC y el SNP es imperativa. Te convendrá aprender las diferentes partes de la médula espinal.

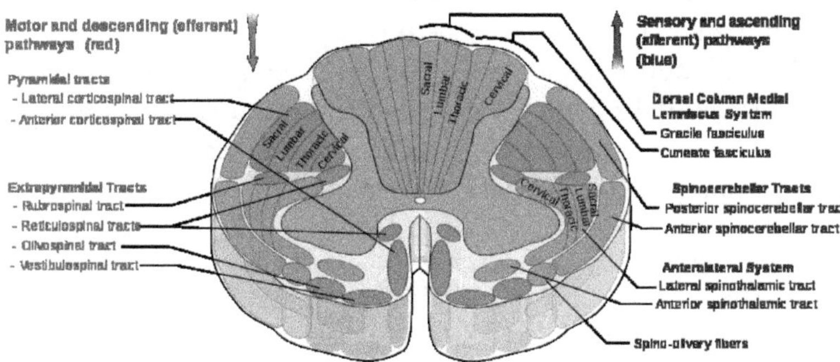

Figura 17: Sección de la médula espinal.

La imagen de la médula espinal te ayudará a determinar las secciones y las vías del mensaje. La clase te ayudará a examinar esto con más detalle, y te servirá ver una que simplemente nombre las diferentes partes como el ganglio espinal, el ramus dorsal y la raíz dorsal.

Sistema nervioso periférico

El SNP tiene nervios y ganglios que no están dentro del cerebro ni de la médula espinal. El PNS no está protegido por ninguna barrera hematoencefálica, lo que significa que puede estar expuesto a toxinas, así como a lesiones mecánicas. El sistema nervioso central se encuentra dentro del cerebro y la médula espinal. Es el sistema que integra la información recibida de los receptores sensoriales de todo el cuerpo. El cerebro y la médula espinal tienen dos tipos de tejido: materia gris y materia blanca. La materia gris tiene neuronas no mielinizadas, células neurogliales y cuerpos celulares neuronales. La materia gris es la capa delgada que está en el exterior, mientras que la materia blanca está debajo y es la parte más grande de las líneas de datos del cerebro que trasladan la información alrededor del cerebro.

Los nervios craneales, de los cuales hay 12, provienen del cerebro y del tronco encefálico. Algunos de estos nervios llevan información de los órganos al cerebro, mientras que otros controlan los músculos. Tienen funciones sensoriales y motoras. Los nervios raquídeos forman 31 pares de nervios que provienen de la médula espinal, que contiene fibras sensoriales y motoras. Las fibras nerviosas sensoriales están localizadas por todo el cuerpo para ayudar a enviar imágenes al SNC a través de los nervios espinal y craneal.

Los nervios de fibra motora conectan las glándulas y los músculos para enviar mensajes al SNC. Además, una parte del SNP es el sistema somático, que regula ciertas actividades que se conocen como "bajo control consciente". Cuando voluntariamente se desea mover un músculo, se está utilizando el sistema nervioso somático para enviar mensajes a través de las fibras motoras.

El cuerpo tiene un sistema autónomo que proporciona impulsos al SNC a través del corazón, las glándulas y los músculos de los órganos involuntarios. Este sistema controla la función de los órganos internos, como los latidos del corazón, la respiración y la digestión.

El sistema autonómico consta de tres partes: simpático, parasimpático y entérico. El sistema nervioso simpático comienza en las áreas torácica y lumbar de la médula espinal enviando mensajes relacionados con el estrés. Aquí es donde entran en juego las respuestas de pelear o escapar. El sistema nervioso parasimpático se encuentra en el tronco encefálico y la médula espinal; ayuda a sentirse relajado o descansado. También puede determinar si las pupilas o los vasos sanguíneos necesitan dilatarse o si el corazón debe ralentizarse. El sistema parasimpático también estimula la digestión y las necesidades urinarias.

El sistema nervioso entérico controla la digestión desde el esófago hasta el colon.

El SNC y el cerebro

Tu cerebro es donde reside el sistema nervioso central; cómo funciona tu cuerpo y mucho más es lo que te diferencia de los demás animales. El cerebro está seccionado para ayudarte a entender la función que tiene en todo el cuerpo. Las partes principales son el cerebelo, el cerebro, el tronco encefálico y el diencéfalo; también tiene cuatro cavidades llamadas ventrículos. La siguiente imagen te ayudará a entender las diferentes secciones del cerebro. Conoce la imagen para ayudarte en los exámenes.

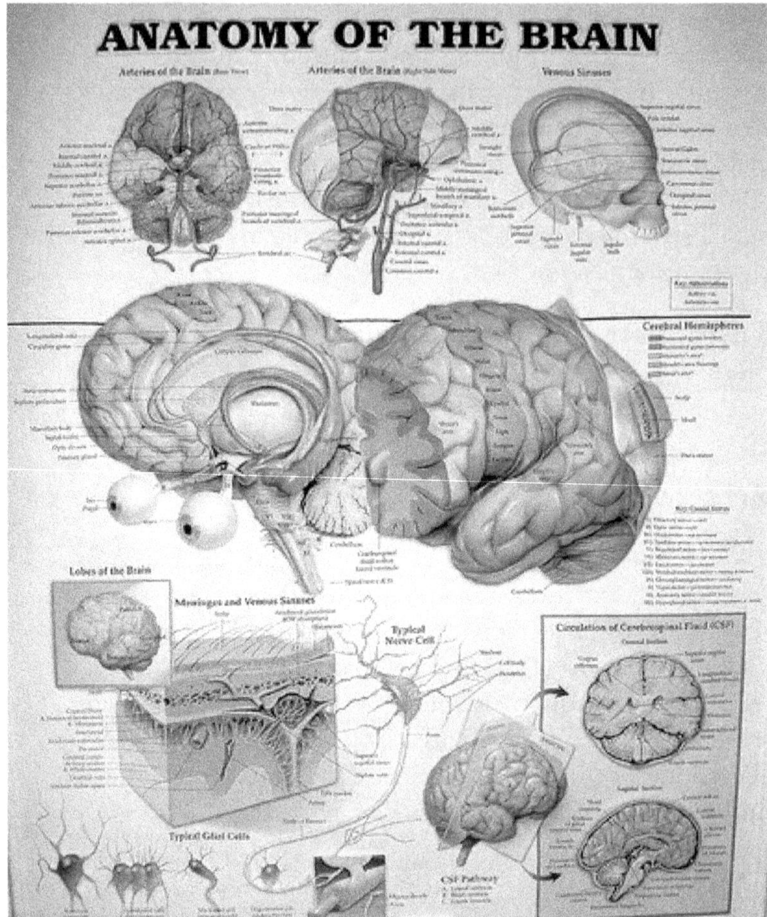

Figura 18: Anatomía del cerebro a diferentes niveles.

La función del cerebro

El cerebro es lo que te mantiene consciente. Se divide en secciones o mitades, con cuatro lóbulos. Tiene un hemisferio cerebral izquierdo y derecho, que está dividido en frontal, parietal, temporal y occipital. ¿Recuerdas esos cuatro términos de los conceptos esqueléticos? Hazlo, porque también hay huesos esqueléticos que están asociados con los cuatro lóbulos principales.

El lóbulo frontal ayuda con la concentración, el habla, la resolución de problemas, el control muscular voluntario y la planificación. Una persona que sufre de demencia frontotemporal pierde la capacidad de concentrarse, resolver problemas, hablar coherentemente y controlar las funciones corporales. El lóbulo parietal es el lóbulo de razonamiento; en esta se interpreta el habla, las palabras y las sensaciones.

El lóbulo temporal ayuda con la interpretación de las sensaciones, la memoria visual y del aprendizaje, la audición y los sonidos. El lóbulo occipital es el centro de la visión, donde se ven y reconocen elementos visualmente y luego se combinan dichas imágenes con los demás sentidos.

Cerebelo

El cerebelo se encuentra debajo del cerebro. Su función principal es coordinar el movimiento.

Tallo cerebral

El tronco encefálico abarca el mesencéfalo, la médula oblonga y la protuberancia. La médula oblonga se conecta con la médula espinal desde el punto en que entra en el foramen magnum, situado en la parte inferior del cráneo. El cerebro medio es una "estación" que ayuda a que la información llegue desde la médula espinal al cerebro o al cerebro y cerebelo. Cuando oyes, sientes o ves algo, el que reacciona es tu cerebro medio. Piensa en el cerebro medio como el centro reflejo: te ayuda a responder cuando hay dolor, calor o pelea. La médula oblonga es responsable de ayudar a la respiración, regular el corazón y la presión arterial; también es el lugar que conduce los vómitos, la tos, tragar y estornudar. Cuando tienes hipo, tienes que culpar a la médula oblonga.

Regulación del cuerpo

En el capítulo sobre endocrinología has aprendido acerca de ciertos detalles reglamentarios. Recuerda que el hipotálamo y el tálamo son parte del cerebro; están dentro del diencéfalo para ayudarte a mantener el equilibrio.

Neurotransmisores

Los neurotransmisores son útiles para las señales que pasan a través del cuerpo y del cerebro. Los neurotransmisores son tipos de sustancias químicas. Te convendrá saber qué son la acetilcolina, la norepinefrina, la dopamina, el GABA, el glutamato, la serotonina y las endorfinas. Los neurotransmisores pueden excitar o inhibir, basándose en lo que la señal de la neurona está indicando. Cuando el neurotransmisor es enviado de vuelta a la sinapsis, se descompone y es absorbido por la célula o flota en el líquido que rodea a la sinapsis. Si la célula lo recupera, se dice que "se recicló".

Los sentidos

Sabes que tienes cinco sentidos, los cuales se conocen como percibidos, porque tienes asociaciones conscientes con ellos. Sin embargo, hay más sentidos de los que no eres consciente: el cuerpo tiene un total de 21 sentidos. Los sentidos percibidos son: olfato, tacto, gusto, vista y oído. Son aquellos que puedes hacer voluntariamente, frente a los otros 16, que son involuntarios y a menudo ocurren sin que nos demos cuenta.

Revisión

El sistema nervioso es altamente complejo formado por mensajes voluntarios e involuntarios que se envían a cada segundo del día. Tú solo eres consciente de una pequeña parte de lo que realmente sucede en tu cuerpo, pero el complejo sistema nervioso asegura te mantengas alejado del peligro y en equilibrio y reacciones a las cosas cuando sea necesario. Si es necesario, haz fichas y sigue escribiendo las diferentes partes del sistema nervioso, como las secciones del cerebro y en qué consiste una neurona, para que te vaya bien en los exámenes.

Preguntas

1. ¿Cuáles son los tres tipos de neuronas?

2. ¿En qué consiste una neurona? Nombrar tres partes.

3. ¿Qué son las cinco células gliales?

4. ¿Dónde está el SNC?

5. ¿Qué significa PNS?

6. ¿Qué es el sistema somático?

7. ¿Cuáles son las partes principales del cerebro?

8. ¿Qué son los cuatro lóbulos?

9. ¿Cuáles son los dos sistemas en el diencéfalo?

10. ¿Qué es la sinapsis y qué se produce allí?

Capítulo 9:

Sistema urinario.

Mientras que una parte de la digestión, en términos de eliminación de residuos, se menciona, a menudo, por sí sola, la función del sistema urinario es eliminar los desechos que se generan durante el metabolismo celular y debido a la alimentación. La orina es el principal tipo de desecho; lo que comes se convierte en líquido y se libera a través de la micción. La micción es el paso final del metabolismo, que ha sido mencionado a lo largo de este libro, incluyendo la revisión de la química.

Terminología

El uréter es un tubo que conecta los riñones con la vejiga.

Función del aparato urinario

El sistema urinario hace el trabajo sucio para deshacerse de los desechos metabólicos. Ayuda a producir y expulsar la orina del cuerpo a través de una sustancia acuosa creada en los riñones; ayuda también   a mantener una cantidad de agua equilibrada y adecuada (recuerda que el cuerpo tiene un 65% de agua). A menudo, las funciones endocrinas se realizan como parte del sistema urinario, como la regulación de la producción de glóbulos rojos, el crecimiento óseo y la presión arterial.

La anatomía del sistema urinario

El sistema urinario es compacto, en comparación con otros sistemas corporales que ya se han discutido. Es una serie de tubos que permiten el paso de sustancias. Las capas de tejido son fibrosas con una capa muscular y mucosa para forrar el interior.

Los conductos urinarios comienzan con el uréter, que tiene una protección de moco que los protege de la orina ácida. Todo el proceso comienza en los riñones. Tenemos dos riñones, cerca de la parte baja de la espalda, justo debajo de las costillas. Los riñones reciben desechos de la digestión a través del suministro de sangre renal, que se desvía de la aorta abdominal. Alrededor del 20% de la sangre bombeada por el corazón va a los riñones. Éstos tienen tejidos que protegen al cuerpo de recibir desechos. También hay capas de sacos muy parecidas a los otros sacos protectores sobre los que aprenderás en este libro.

El riñón está compuesto de nefronas, que son de tamaño microscópico y funcionan como un sistema de filtración para lo que debe o no debe ser incluido en la eliminación de residuos. La orina saldrá del riñón a través del tracto urinario comenzando en el uréter, que conduce a la vejiga. La vejiga puede retener la orina durante un período de tiempo, en función de la cantidad de desechos que produce el cuerpo. Por lo general, la vejiga tiene una capacidad de 500 centímetros cúbicos. La uretra, que es un tubo, llevará la orina desde la vejiga hasta el orificio o abertura para su eliminación. La uretra en una mujer es de 3,8 cm de largo, contra 20 cm en los hombres.

Composición de la orina

La orina es 95% agua; el otro 5% es el origen del olor y la acidez. La orina contiene compuestos nitrogenados y electrolitos. Existen cuatro compuestos nitrogenados: urea, creatinina, amoníaco y ácido úrico.

Cada uno es un subproducto de la descomposición de nutrientes y compuestos. Por ejemplo, la urea es un subproducto de la descomposición de aminoácidos, mientras que la creatinina se forma del metabolismo de la creatina durante el proceso de producción de ATP. El amoníaco ocurre cuando las proteínas se descomponen, y el ácido úrico es el resultado de la descomposición del ácido nucleico.

El cuerpo trabaja para mantener el equilibrio, y creará orina cuando sea necesario para restablecerlo. En las mujeres, el sistema urinario se ve afectado por el ciclo menstrual. A veces, la retención de agua es vista como una necesidad, lo que significa hinchazón y falta de micción. Cuando el ciclo está llegando a su fin, se expulsará mucha agua para ayudar a restablecer la homeóstasis. Por lo tanto, las mujeres tienden a orinar más al final de su ciclo.

Otra preocupación para cualquier persona son los cálculos renales, que se denominan cálculo renal. Son objetos duros, como piedras, que se forman en la orina debido a la deshidratación. Cuanta más agua bebas, mejor será tu situación. Con estos cristales o piedras, se puede crear ácido úrico en las articulaciones, dando lugar a la gota. La gota todavía existe, y no es una enfermedad antigua. Las personas que no beben agua la sufren a menudo, y deben cambiar su dieta para sentirse mejor. Dependiendo de su tamaño, los cálculos renales pueden dañar el uréter, la vejiga y la uretra: son agudos y pueden causar un bloqueo en las partes más pequeñas del sistema urinario. Algunas veces, hasta es necesaria una cirugía para eliminarlos.

Revisión

El sistema urinario es necesario para ayudar a eliminar los desechos del cuerpo. Mientras que el sistema digestivo crea desechos fecales, su sistema urinario está a cargo de eliminar los desechos acuosos u orina. La orina puede contener varios productos de desecho como urea, amoníaco, ácido úrico y creatinina. La falta de agua puede llevar a que se presenten cálculos, los cuales pueden causar dolor e incluso sangre en la orina debido a cortaduras a lo largo del tracto urinario.

Preguntas

1. ¿Cuál es la función principal del aparato urinario?
2. ¿Qué contiene la orina?
3. ¿Qué son los cálculos renales?
4. ¿El tracto urinario puede pasar piedras?

Capítulo 10: El sistema linfático.

El sistema linfático te protege. Sin él, serías susceptible a muchas enfermedades. Puedes reconocerlo como el sistema inmunológico versus el sistema linfático, basado en cursos anteriores. Sin embargo, son dos términos que significan lo mismo.

El sistema linfático abarca varios órganos y vasos que ayudan a mantenernos saludables. La linfa o fluido corporal, producido por el sistema linfático, tiene tipos específicos de células que contienen moléculas biológicas que ayudan a combatir enfermedades. El líquido linfático filtrará y drenará el líquido intersticial, donde se combate la batalla contra las enfermedades.

Terminología

Estudie la figura por términos.

Patrulla fronteriza en el cuerpo

La piel es una barrera contra numerosos invasores. Es la primera línea de defensa. Tú tienes los ojos y la boca que eliminan el material infeccioso a través de las lágrimas y el moco. Luego está la membrana mucosa, que recubre los sistemas respiratorio y digestivo, para asegurar que los microbios queden atrapados en lugar de permitir que fluyan a través del cuerpo.

El jugo gástrico es ácido y capaz de matar muchas de las bacterias que existen. El intestino tiene sus propias bacterias, que ayudan a descomponer otras bacterias y a eliminar las sustancias tóxicas.

Por último, el sistema linfático detendrá a los elementos que se estén volviendo renegados dentro de su cuerpo. Algunas veces, las células se replican incorrectamente y comienzan a atacar a las células sanas, las cuales el sistema inmunológico debería ser capaz de detener. Es posible que no siempre funcione, como es el caso de los cánceres mortales. Sin embargo, la teoría es que una célula mala puede detenerse antes de que pueda continuar plagándose por el cuerpo.

El líquido intersticial fluye constantemente para ayudar a llevar la solución acuosa a todo el cuerpo y combatir la enfermedad. Se parece mucho al plasma, en la medida en que es capaz de moverse a través del organismo llevando propiedades para matar a algunos invasores y eliminar a otros del cuerpo.

Intente aprender el diagrama que muestra el flujo linfático.

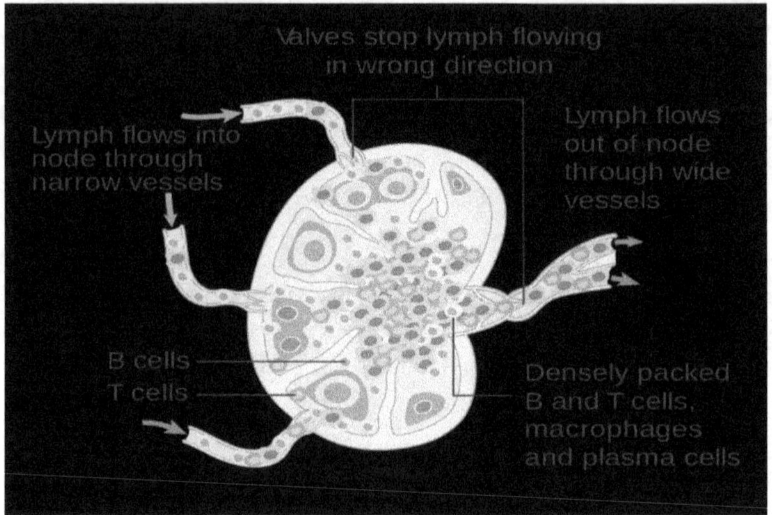

Figura 19: Flujo linfático.

Las estructuras del sistema linfático incluyen los vasos linfáticos, los conductos linfáticos y los ganglios linfáticos. Lo más probable es que estés familiarizado con los ganglios linfáticos, ya que se pueden sentir cerca de la línea de la mandíbula y el cuello. Estos son los ganglios que pueden inflamarse cuando tienes resfríos y gripe, así como otras enfermedades. Los ganglios contienen vasos linfáticos, que le ayudan a mover líquidos a través del cuerpo, y hay conductos que permiten el drenaje de los vasos y ganglios linfáticos.

La última parte del sistema linfático es el bazo. Es necesario para ayudar a mantener el sistema inmunológico en funcionamiento. El bazo está cerca del estómago, posterior a él, en realidad. Tiene diferentes tejidos que ayudan a filtrar las células malas, las bacterias y otros insectos desagradables; también ayuda a reciclar los glóbulos rojos.

Tipos de células importantes

Estudia los tipos de células que están asociadas con el sistema inmunológico y su función.

- El neutrófilo es una bacteria fagocitadora, que da cuenta de los glóbulos blancos que responden a una enfermedad, con la esperanza de detener la infección.
- El basófilo nos defiende de los parásitos y actúa como mediador de una inflamación.
- El eosinófilo destruye los anticuerpos antígenos y tiene glóbulos blancos.
- Los monocitos maduran hasta convertirse en macrófagos, eliminando bacterias y virus con glóbulos blancos.
- El macrófago funciona como fagocitador de patógenos y células muertas, simulando la producción de más glóbulos blancos.
- Las células de los linfocitos B producen anticuerpos.
- Los linfocitos T atacan a los patógenos directamente.
- Las células NK destruirán las células cancerosas, así como las infectadas con virus.
- Los mastocitos inician respuestas inflamatorias cuando se necesitan histaminas como respuesta a un alérgeno.

Revisión

El sistema inmunológico o linfático es el que combate la enfermedad en el cuerpo. Sin un sistema inmunológico que funcione, eres susceptible a numerosas enfermedades, bacterias, virus y células cancerosas. Cuando las células cancerosas no son eliminadas por el sistema inmunológico, significa que el cuerpo fue incapaz de producir tipos de células apropiados para evitar que las células cancerosas se repliquen.

Preguntas

1. ¿Qué tipo de bacterias son los neutrófilos?
2. ¿Qué tipo de células destruyen las células NK?
3. ¿Para qué sirve el sistema inmunológico?
4. ¿Cuál es la función de los mastocitos?
5. Describa una función del sistema inmunológico.

Capítulo 11: El sistema digestivo.

El sistema digestivo ayuda al cuerpo a obtener nutrientes de los alimentos y bebidas. El cuerpo necesita mantener la homeóstasis, que ocurre cuando se intercambia nutrientes, vitaminas y minerales por energía. Ocurre a través de procesos anabólicos, catabólicos y homeostáticos. En general, el sistema digestivo ayuda a descomponer los carbohidratos para obtener energía, pero también produce otros compuestos que aseguran que el cuerpo funcione correctamente. Recuerda la lección anterior de la revisión de biología y química.

Terminología

Consulta las figuras para conocer los términos.

Función del sistema digestivo

Tú ingieres, digieres, exportas nutrientes y eliminas elementos que no necesitas. Cuando el cuerpo funciona correctamente, quiere decir que está sano y en homeóstasis. Pero se necesita trabajo; se tienen que usar los nutrientes que se ingieren, por lo que en el proceso se digiere lo que es útil, exportando nutrientes a las áreas del cuerpo que los necesitan, y luego eliminando los desechos que son tóxicos para el cuerpo.

Anatomía del sistema digestivo

El canal alimenticio es el tracto digestivo o tracto gastrointestinal. El tracto gastrointestinal es un tubo que empuja los alimentos y bebidas ingeridos a través del sistema digestivo. Las paredes del tubo tienen una capa interna y otra externa. La capa externa es fibrosa y muscular, soportando el tejido conectivo que une la capa interna o epitelial. También se puede pensar como la mucosa digestiva. Dentro del tubo, está el lumen, un espacio que varía en tamaño.

El tracto digestivo comienza en el esófago y termina en el esfínter anal, pero tenga en cuenta que la ingestión comienza con la boca. Cuando comes, sus dientes y encías ayudan a romper los alimentos en pequeños pedacitos que tragas por la garganta. El pequeño colgajo discutido anteriormente cierra los pulmones, de modo que el alimento baja por el esófago. Tenemos 32 dientes, 16 en la parte superior y 16 en la inferior. Las encías y la mandíbula mantienen los dientes en su lugar.

La lengua también interfiere en la digestión, porque ayuda a mover el alimento alrededor de los dientes. También hay una capa de moco con papilas gustativas que indican si la comida que se está comiendo es buena o no. La boca contiene la membrana bucal que segrega saliva de las glándulas salivales, lo que ayuda a descomponer los alimentos, así como a descubrir si a quien está comiendo le gusta el sabor.

Luego, la comida se mueve de la boca a la faringe y el esófago.

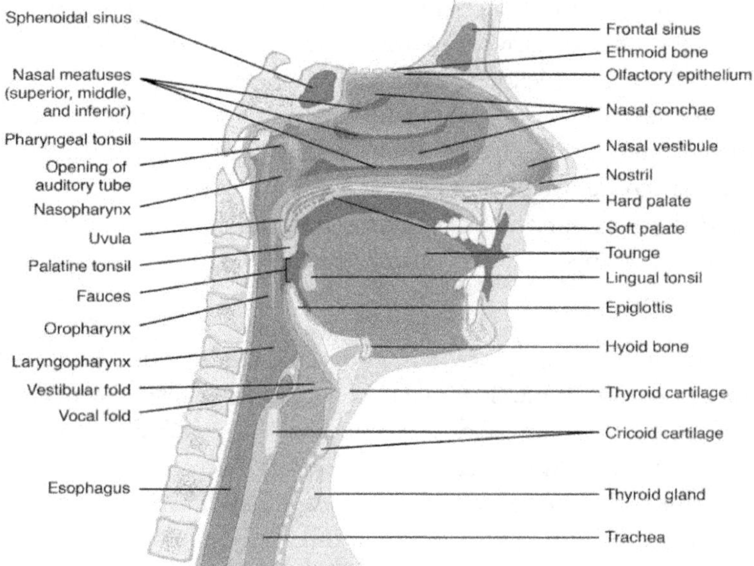

Figura 20: Faringe y boca.

Aprenda la anatomía en el dibujo para ayudarle a contestar las preguntas del examen.

El esófago tiene dos esfínteres, uno en la parte superior y otro en la inferior. La parte superior es un músculo y mantiene el aire fuera del tracto digestivo. El esfínter inferior impide que los alimentos vuelvan a subir del estómago.

El estómago es donde se descompone la mayor parte de los alimentos que se comen. Hay una capa muscular que contiene fibras musculares lisas oblicuas, circulares y longitudinales, que se contraen en diferentes direcciones para ayudar a separar los alimentos. Los impulsos nerviosos también están en el estómago para avisarle al cerebro cuando la cavidad esté llena y no se deban ingerir más alimentos.

En el estómago hay diferentes enzimas digestivas: pepsina y lipasa. La pepsina se dirige a las proteínas, mientras que la lipasa ayuda a descomponer las grasas. Desde el estómago, los alimentos se trasladan al intestino delgado, que también tiene enzimas para digerir los alimentos. El intestino delgado utiliza lipasa, peptidasa, sucrasa, maltasa y lactasa para eliminar los nutrientes de los alimentos. La peptidasa se dirige a los péptidos, la sucrasa entera, la maltasa y la lactasa, que son azúcares disacáridos que el cuerpo utiliza para crear glucosa.

El intestino grueso es el siguiente, con campanilla, que ayuda a descomponer el material que llega hasta el intestino grueso. Algunos de los materiales han desaparecido, se han descompuesto y se han convertido en compuestos que el cuerpo necesita. Otros se convertirán en desechos, que es lo que sucede en el colon cuando se producen las heces. Algunos se refieren al intestino grueso como el colon. Los desechos tienen que pasar por el colon y el recto para ser eliminados.

El hígado también juega un papel, ya que ayuda a metabolizar los medicamentos, los alimentos y a desintoxicar la sangre. Conoce la anatomía del hígado en la siguiente figura.

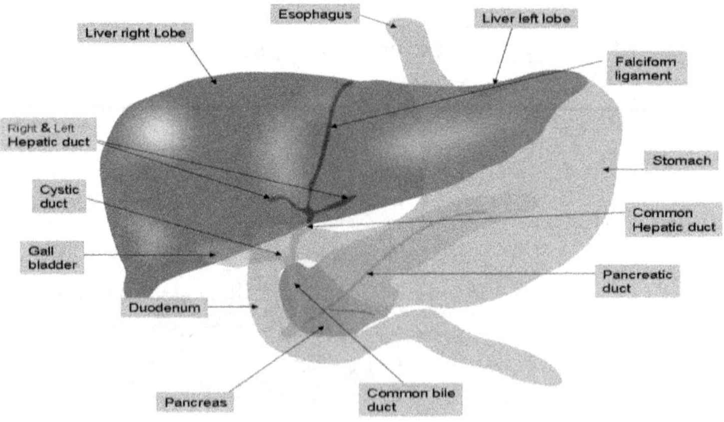

Figura 21: Hígado.

La última parte importante de la anatomía y fisiología del sistema digestivo es el páncreas, que ayuda a descomponer los alimentos en glucosa y producir insulina. Otras enzimas ayudan con las proteínas, péptidos, grasas y ácidos nucleicos.

Revisión

El tracto digestivo descompone los alimentos en nutrientes que el cuerpo necesita y produce desechos para eliminar toxinas y minerales inútiles del sistema. Para el examen, apréndete la anatomía del tracto digestivo y las enzimas que ayudan a descomponer los alimentos en el estómago.

Preguntas

1. Nombre una enzima digestiva en el estómago.
2. ¿Cuáles son las tres enzimas en el intestino delgado?
3. ¿Cuál es el papel del intestino grueso?
4. ¿Por qué es importante el hígado para la digestión?

Capítulo 12: Sistema respiratorio.

Inhalamos unas 20.000 veces al día. Cada vez que inhalamos, estamos ganando nitrógeno así como oxígeno. Nuestros cuerpos no pueden subsistir sin oxígeno porque es el oxígeno el que ayuda a nuestras células a realizar la respiración celular. De temas anteriores, ya sabes que la respiración celular ayuda a crear el ATP, que proporciona la energía de nuestro cuerpo. Debido a que absorbemos nitrógeno cuando inhalamos, nuestro cuerpo necesita una manera de lidiar con ello y obtener la mayor cantidad de oxígeno posible de una respiración. El sistema respiratorio ayuda en esta tarea.

Terminología

La faringe es una vía respiratoria hacia los pulmones.

La nasofaringe es la parte más superior.

La orofaringe es la parte media de la vía aérea.

La laringofaringe es la parte inferior de la garganta.

La tráquea es el tubo que se usa para llevar aire a los pulmones.

El saco pleural es un saco protector alrededor de los pulmones.

Funciones del sistema respiratorio

La función principal del sistema respiratorio es asegurar que el aire pueda entrar y salir del cuerpo, pero hay más que eso. Las funciones se dividen en diferentes tipos.

La ventilación es el "acto de respirar". No confunda esto con el intercambio de gases, que es lo que hace la respiración. Nuestra mente no piensa en respirar, al menos a nivel consciente, a excepción de que estemos practicando técnicas de respiración. El cuerpo pasa por el movimiento de contraer el músculo del diafragma, permitiendo que el aire fluya desde los pulmones a través de la caja torácica, la cual tiene que moverse cuando la respiración expande nuestros pulmones o los desinfla con la exhalación.

La siguiente función es el intercambio de gases. El cuerpo necesitará oxígeno y lo recibe, pero durante el intercambio de gases, también se produce dióxido de carbono que necesita ser eliminado de la sangre y del cuerpo. El intercambio de gases requiere circulación pulmonar. A veces se le llama respiración externa para separarla de la respiración celular. Los gases se intercambian en los pulmones, donde se encuentran los tejidos respiratorios y circulatorios.

La regulación del pH de la sangre también ocurre porque necesita ser mantenido para la homeóstasis. Esta parte de la respiración está coordinada con el tracto urinario y el sistema endocrino. El sistema cardiovascular también es parte de él, ya que es lo que ayuda a que la sangre se mueva a través del cuerpo.

Por último, la creación del habla forma parte de la función respiratoria. El habla y el canto requieren que se tenga control de la respiración para ayudar a formar palabras y cantar.

Ahora que ya entiendes la función, veamos la anatomía.

Anatomía respiratoria

Obviamente, tu nariz es parte del sistema. La nariz es unidireccional, el aire puede ser exhalado o inhalado. La nariz o las fosas nasales ayudan a respirar, y los pelos dentro de la nariz atrapan la suciedad, las bacterias y el polvo para asegurarse de que el aire que se respira no esté contaminado. Detrás de las fosas nasales se encuentra el tabique nasal, que separa las dos cavidades nasales. Hay tres huesos que forman las conchas nasales. Además, una parte de la nariz es la mucosa respiratoria, que son células. Los cilios, que residen en la nariz, ayudan a mover el moco sucio fuera de las fosas nasales. La nariz se drena cuando llora debido a los conductos nasolagrimales, que se conectan con el ojo y las glándulas lagrimales que segregan lágrimas. Los senos paranasales, que fueron mencionados en otro capítulo, son espacios de aire que se abren en las cavidades nasales. Los senos paranasales tienen un poco que ver con la forma en que suena la voz debido a la relación con el sistema respiratorio.

La faringe es la siguiente. Una vez que el aire entra en la boca o nariz, pasará por la faringe en el camino a los pulmones. La nasofaringe, la parte superior de la garganta, se encuentra con las cavidades nasales. También tenemos una orofaringe, que es la parte media de la garganta o lo que usualmente pensamos que es la parte posterior de la garganta. La laringofaringe es la tercera parte de la garganta y la región inferior. Aquí es donde reside la laringe.

Desde la faringe, el aire entra en la tráquea. Es un tubo que va desde la laringe hasta la parte superior de los pulmones; está detrás del esternón y se divide en dos ramas más grandes llamadas los bronquios primarios que se unen a los pulmones. La tráquea y los bronquios son tejido epitelial, con músculo liso y cartílago, lo que ayuda a que las vías respiratorias se contraigan o expandan al respirar.

La mayoría de nosotros estamos familiarizados con nuestros pulmones como elemento primario de la respiración. Usted tiene dos pulmones, que son esponjosos como el corazón y están protegidos por la caja torácica. Su colocación es la razón por la cual el daño a la caja torácica, como una costilla rota, puede perforar el pulmón o los pulmones e impedir que una respiración adecuada. Los pulmones están en la parte superior del diafragma, que es el músculo que ayuda a inspirar y espirar. Es posible que no lo sepas, pero el pulmón izquierdo es ligeramente más pequeño que el derecho debido al saco cardíaco o a la muesca cardíaca. Los pulmones se dividen en lóbulos.

Los pulmones tienen cada uno un saco pleural; el saco protege y cubre los pulmones. Piensa en el saco pleural como similar al saco pericárdico. Tenemos dos membranas, con la pleura parietal adherida a la pared torácica y la pleura visceral adherida a la superficie del pulmón.

La cavidad pleural entre el saco y los pulmones contiene un líquido llamado líquido intrapleural. Piensa en las membranas como moléculas que sostienen las manos para permitir que el oxígeno se mueva alrededor del cuerpo. El líquido intrapleural mantiene los pulmones húmedos y crea una presión negativa que mantiene los pulmones inflados.

Desde los pulmones se extiende el árbol bronquial que se divide en ramas secundarias y terciarias, ayudando a transportar el oxígeno a los lóbulos y al diafragma, donde el músculo se contrae o relaja para inspirar o espirar. El diafragma también puede proporcionar presión que producirá el vómito y la expulsión de orina y heces.

Revisión

El sistema respiratorio inhala oxígeno y nitrógeno, y lo convierte en más oxígeno, con un subproducto del dióxido de carbono, que se debe expulsar. La función es llevar oxígeno a los órganos que lo necesitan para mantenerlos vivo.

Problemas

1. ¿Cuáles son los componentes del sistema respiratorio?

2. ¿Cuál es la función del sistema respiratorio?

3. ¿Qué otra función tiene el diafragma, además de expulsar e inhalar aire?

<u>Agradecimiento del autor</u>

Gracias por comprar mi libro. Mi deseo es que la información de este libro te haya ayudado a obtener una buena calificación en el curso.

Si tienes amigos o familiares que puedan disfrutar de este libro, ¡difunde el amor y préstaselos!

Gracias, ¡mis mejores deseos!

Brian

Respuestas

Capítulo 1: respuestas.

1. Hidrógeno, nitrógeno, oxígeno y carbono.

2. Neutrones y protones.

3. Enlaces covalentes.

4. Los polisacáridos son carbohidratos complejos.

5. Los aminoácidos producen cadenas largas llamadas proteínas.

6. La glucólisis es el proceso por el cual la glucosa se descompone en ácido pirúvico.

7. La glucosa puede convertirse en 38 moléculas de ATP.

8. Anaeróbico.

9. Las grasas se metabolizan principalmente durante el ciclo de Krebs.

10. Almacenamiento de energía creado a partir de los lípidos.

Capítulo 2: respuestas.

1. La anatomía histológica es el estudio de los tipos de tejidos y de las células que los componen. Para ver los tejidos y las células se necesita un microscopio.

2. Proximal significa que está más cerca del lugar de fijación, como el brazo que se une al tronco del cuerpo.

3. Sarco se refiere al músculo estriado o músculo.

4. Los tres planos son frontal, sagital y transversal.

5. El ojo se encuentra en la región de la cabeza y el cuello, y se conoce como orbital u ocular.

6. El pie se encuentra en la región de las extremidades inferiores, y se le conoce como pedal.

7. La cavidad dorsal tiene dos cavidades.

8. Epigástrico, hipocondríaco, umbilical, lumbar, hipogástrico e ilíaco.

9. El nivel uno se refiere a los niveles de organización, donde uno es el nivel celular.

10. El nivel cinco se refiere a todo el organismo.

Capítulo 3: respuestas.

1. Ósmosis.

2. Hidrófilas significa amantes del agua.

3. Producción de energía.

4. No.

5. La mitosis es, para el crecimiento celular, la reparación o creación de órganos.

6. Diploide significa dos, mientras que haploide significa una o la mitad de la cadena de ADN.

7. Las células eucariotas son células de animales, plantas y hongos que se replican produciendo células diferentes por diversas razones en comparación con las procarióticas, que

son idénticas a la célula madre.

8. El ADN es nuestro código genético o los bloques de construcción que nos hacen únicos.

9. El ADN está empaquetado en cromatina, que es parte de los cromosomas.

10. La mitocondria es un tipo de organela que ayuda a crear energía a través de la respiración aeróbica.

Capítulo 4: respuestas.

1. Epidermis, dermis e hipodermis.

2. La piel se adhiere a los músculos y huesos.

3. La epidermis es la primera capa de protección.

4. Las glándulas sudoríparas están en la piel.

5. El sudor es ecrino o apocrino, y el sudor apocrino comienza después de la pubertad.

6. El cáncer de piel se forma típicamente debido a la genética o a la sobreexposición a los rayos UV. Las quemaduras solares repetidas también pueden causar cáncer de piel.

7. La vitamina D proporciona energía y es absorbida de los alimentos y la luz solar.

8. Las uñas quebradizas y cóncavas son un signo de anemia o deficiencia de hierro.

9. Cuando se ve un cambio en la salud de la piel, el cabello y las uñas puede ser una señal de que un sistema, como el sistema

endocrino, está funcionando mal.

10. Los dermatólogos estudian el sistema integumentario para ayudar a mantener la piel saludable y curar ciertas enfermedades de la piel.

Capítulo 5: respuestas.

1. Cartílago, tejido conectivo óseo y fibroso.

2. Óseo.

3. Periostio.

4. Los huesos crecen a partir de la creación de cartílago que se convierte en tejido óseo, calcificándose en epífisis o en la parte protuberante del hueso. Cuando el cuerpo produce cartílago que cubre la sección esponjosa del hueso, éste se alarga hasta que su ADN le dice a las células que dejen de replicarse.

5. Esponjosas, epífisis, cavidad medular y cortical son los cuatro tipos de secciones óseas.

6. La osteoporosis es cuando los huesos carecen de calcio, por lo que se vuelven quebradizos y pueden perder longitud debido a la remodelación de los huesos que ocurre a lo largo de la vida.

7. Los huesos del cráneo son frontales, temporales, parietales, occipitales, etmoides y esfenoides. Hay también dos parietales y dos huesos temporales.

8. El hioidies.

9. Maxilar.

10. El talón y el tobillo soportan el peso corporal.

Capítulo 6: respuestas.

1. Tenemos tejido cardíaco y músculo liso.

2. El diafragma, los músculos cardíacos, esfínteres y digestivos son los cuatro sistemas musculares principales del cuerpo.

3. Cardiaco, esquelético y suave.

4. Cardíaco y esquelético.

5. Esquelético.

6. La RS es un retículo sarcoplásmico.

7. ACh significa acetilcolina.

8. Tanto el SR como el ACh están involucrados en el envío de mensajes para el movimiento muscular, particularmente en la contracción.

9. Un sarcoma es un filamento de tamaño grueso y fino.

10. Sí, el sistema nervioso ayuda a enviar mensajes sobre cuándo contraer y liberar los músculos.

Capítulo 7: respuestas.

1. Lípidos, aminas y péptidos.

2. Las glándulas endocrinas.

3. La glándula pituitaria.

4. Es una hormona femenina que ayuda con las características

sexuales y la maduración.

5. Produce insulina, que ayuda a la absorción de glucosa.

6. Hormona secreta de la tiroides.

7. La glándula pituitaria.

8. Testosterona.

9. Prolactina y oxitocina.

10. Ayuda a las células a absorber el sodio y a expulsar el potasio.

Capítulo 8: respuestas.

1. Sensoriales, interneuronas y motoras.

2. Dendritas, cuerpo celular y axón.

3. Astrocito, microglia, ependimal, oligodendrocito, Schwann.

4. El sistema nervioso central está contenido en el cerebro y la médula espinal.

5. El SNP es el sistema nervioso periférico.

6. El sistema somático está bajo el control consciente, relacionado con el movimiento muscular y los mensajes enviados a las fibras sensoriales.

7. El cerebro tiene un cerebro, tallo cerebral, cerebelo y diencéfalo.

8. Parietal, frontal, temporal, lóbulo occipital.

9. Hipotálamo y tálamo.

10. La sinapsis es una brecha entre el axón y las dendritas que requieren que los neurotransmisores los conecten para que

los mensajes sean enviados.

Capítulo 9: respuestas.

1. La función principal del sistema urinario es eliminar los desechos que se forman durante el metabolismo.

2. La orina está compuesta en un 95% por agua, urea, ácido úrico, creatinina y amoníaco.

3. Los cálculos renales son estructuras de cálculo renal que se forman debido a una ingesta inadecuada de agua.

4. Los cálculos se pueden pasar, pero los severos o grandes pueden requerir cirugía.

Capítulo 10: respuestas.

1. El neutrófilo envía bacterias fagocitantes a los glóbulos blancos para combatir las infecciones.

2. Las células NK destruyen las células cancerosas.

3. El sistema inmunológico está diseñado para combatir enfermedades, bacterias, enfermedades, virus y otros cuerpos malignos.

4. Los mastocitos responden a los alérgenos produciendo histaminas.

5. El sistema inmunológico detiene las células renegadas.

Capítulo 11: respuestas.

1. Pepsina.

2. Azúcares de lipasa, peptidasa y disacáridos (sucrasa, lactasa, maltasa).

3. El intestino grueso descompone los minerales no utilizados en desechos y ayuda a eliminarlos.

4. El hígado elimina los desechos tóxicos, metaboliza los medicamentos y desintoxica la sangre.

Capítulo 12: respuestas.

1. Nariz, faringe (se rompe en tres secciones: superior, media, inferior), tráquea, pulmones, saco pleural, árbol bronquial y diafragma.

2. El sistema respiratorio ayuda a respirar, a intercambiar gases, a regular el pH de la sangre y a la producción del habla.

El diafragma puede ayudar a vomitar, orinar y expulsar otros desechos.